消防安全管理

胡庚松　兰海飞◎主　编
花　冰　姚鹏勇　魏志强　李继军◎副主编

中国铁道出版社有限公司
CHINA RAILWAY PUBLISHING HOUSE CO., LTD.

内 容 简 介

本书以消防法律法规和消防安全管理理论为指导，以消防技术规范为支撑，介绍了实用的消防安全检查要点和详细的检查方法，同时结合典型案例进行分析。本书有助于全面提高社会单位消防安全主体责任意识和抗御火灾能力，强化各类人员消防安全意识和自防自救能力，预防和减少火灾事故的发生。

本书可作为高等院校消防安全类专业的教材，也可供从事消防安全及相关专业的技术人员以及管理人员参考。

图书在版编目（CIP）数据

消防安全管理 / 胡庚松，兰海飞主编 .—北京：中国铁道
出版社有限公司 , 2023.8（2024.6 重印）
ISBN 978-7-113-29894-4

Ⅰ.①消⋯ Ⅱ.①胡⋯ ②兰⋯ Ⅲ.①消防 - 安全管理 - 高等
学校 - 教材 Ⅳ.① TU998.1

中国版本图书馆 CIP 数据核字 (2022) 第 249527 号

书　　名：	消防安全管理
作　　者：	胡庚松　兰海飞

策　　划：	张　彤	**编辑部电话：**（010）51873202
责任编辑：	张　彤	
封面设计：	高博越	
责任校对：	安海燕	
责任印制：	樊启鹏	

出版发行：	中国铁道出版社有限公司（100054, 北京市西城区右安门西街 8 号）
网　　址：	https://www.tdpress.com/51eds/
印　　刷：	河北京平诚乾印刷有限公司
版　　次：	2023 年 8 月第 1 版　2024 年 6 月第 2 次印刷
开　　本：	710 mm × 1 000 mm 1/16　印张：11.5　字数：219 千
书　　号：	ISBN 978-7-113-29894-4
定　　价：	35.00 元

前　言

党的二十大报告指出："必须坚定不移贯彻总体国家安全观，把维护国家安全贯穿党和国家工作各方面全过程，确保国家安全和社会稳定。"

近年来，随着我国社会经济的飞速发展，产业结构升级调整，工业化、城镇化进程加快，新兴产业不断涌现，大量新材料、新工艺广泛开发和运用，消防管理面临重大挑战，连续发生的多起重特大火灾爆炸事故更是对消防管理工作提出了严峻考验。重特大火灾事故频发暴露出当前消防管理工作还存在着诸多问题，警醒我们当前的消防工作并不是万无一失的，是有许多薄弱环节的，是需要勇于改革、不断完善的。这就要求各级政府、部门的分管人员，企事业单位的法定代表人，消防安全管理人员以及特殊工种操作人员不仅要有较高的思想觉悟和修养，还必须具备较好的消防安全管理素质和技术水平，而管理素质和技术水平的提高需要有消防安全技术知识作基础。所以，要把本单位的消防安全工作做好，单位各级人员除应掌握必要的消防安全管理知识外，还必须学习和掌握物品和生产工艺的火灾危险性分类、燃烧原理、危险品物料、生产工艺流程、电气、建筑、灭火技术设施和初起火灾的扑救等基本防火、灭火技术知识。只有掌握了这些基础知识，才能为消防安全管理工作人员素质和技术水平的提高打下基础，才能为消防安全工作中实际问题的解决提供具体方法和技术措施；对企业法定代表人来讲，才能变被动领导为主动领导，才能管理好本单位的消防安全工作。书中参考了国家很多技术标准，内容翔实，体系严谨，逻辑严密，知识新颖，技术实用。

本书主要内容包括：消防法律法规、违反消防法规的法律责任、消防技术规范、消防安全管理、消防安全检查、单位消防检查、近年来典型案例分析。

本书由胡庚松、兰海飞、花冰、姚鹏勇、魏志强、李继军、钱海健、季恒苇、洪建华、王广宇、李先胜、许婕、张南燕、朱德海等共同编写。其中，胡庚松、兰海飞任主编，负责本书总体构思、提纲制定，花冰、姚鹏勇、魏志强、李继军负责本书的主题思想、内容选择；钱海健、李先胜负责本书内容的统筹，协调各编者之间的配合、工作分工和初稿统稿汇总等。

在本书编写、审稿期间，王长江、伍和员、邢志祥等专家提出了宝贵的修改意见和建议。尽管我们尽了最大努力，但由于能力、时间等方面的原因，本书难免存在不足和疏漏之处，敬请广大读者批评指正，以便今后进一步修改和完善。因国家相关的法规、标准处于动态更新中，本书如存在与现行的相关国家法律、法规、规章、标准不一致的内容，以现行的国家法律、法规、规章、标准为准。

编写组

2023 年 2 月

目　　录

第一章　消防法律法规

消防法律规范是对消防实施法治管理的依据。实行消防法治管理，就是使消防工作法治化、规范化、制度化。

第一节　消防法律规范

一、消防法律规范概述

1.消防法律规范的概念及作用

1）消防法律规范的概念

消防法律规范是指国家机关制定的、依靠国家强制力执行的，规定着国家相关职能部门、国家机关、团体、企事业单位和公民有关消防的权利和义务的法律法规的总和。

随着社会的发展、科技的进步，当今世界各国的消防法律规范更加完善、更加科学、更加精细，消防法律规范也在不断增加新的内容、新的门类和新的形式。

2）消防法律规范的作用

随着社会经济、科技等的进步和发展，消防法律规范的作用也越来越明显，其作用主要表现在以下几个方面。

（1）消防法律规范的规范作用

消防法律规范作为调整人们消防行为的社会规范，具有指引、评价、教育、预测和强制作用。

①指引作用。消防法律规范规定人们可以怎样行为、应该怎样行为和不应该怎样行为，所以，消防法律规范的指引作用是指人们必须根据消防法律规范的规定而行为。这种指引作用的对象是指本人的行为。

②评价作用。消防法律规范具有判断、衡量他人的行为是安全或不安全、合法或不合法的评价作用。这种评价作用的对象是指他人的行为。评价他人的消防行为，要有一定的客观评价准则，消防法律规范的条款内容，就是评价他人消防行为普遍适用的准则。

③教育作用。消防法律规范具有教育作用。这种教育作用主要体现在三个方面：一是通过对消防法律规范的宣传，可以教育广大群众增强法制观念，

做到知法、守法；二是通过对违反消防法律规范的行为的处罚，既可以对违法者本人起到惩戒的教育作用，又可以对其他人起到警告、预防的教育作用；三是通过对模范遵守消防法律规范的事迹的表彰，可以对人们起到示范的教育作用。

④预测作用。消防法律规范还有对人们相互行为的预测作用。人们可以根据消防法律规范预先估计到自己或他人的行为是合法的或是不合法的，从而起到自我控制和互相监督的作用；同样作为执法机关通过实施消防法律规范，根据社会客观情况的发展，可以预测到各种违反法规行为的可能性和发展趋势，以便采取预防性的、管理性的或控制性的措施。

⑤强制作用。消防法律规范也有不同程度、不同形式的强制作用。这种强制作用在于对违反法规的行为给予不同的制裁，如行政纪律处分、行政处罚和判处刑罚处罚等。我国消防法律规范以广大群众的自觉遵守为基础，但强制作用仍然是维护法规尊严的一个必不可少的条件。

（2）消防法律规范的社会作用

我国消防法律规范的社会作用，集中体现在"保护人身、公共财产安全，维护公共安全"上。具体地说，消防法律规范的社会作用有如下三个方面：

①维护和稳定社会公共秩序的作用。火灾危害社会安全，严重破坏人们的生产秩序、工作秩序和生活秩序。因此，我国的消防法律规范明确提出，机关、企业事业单位要实行逐级消防安全责任制，建立健全防火制度和安全操作规程，严格值班、巡逻制度；居民、村民要制定防火公约，严格用火防火制度等。并规定了社会各单位和每一个公民在消防活动中的权利和义务。对违反消防管理法规的行为，根据造成的不同后果，分别给予相应的处分、处罚和刑罚。这些都直接或间接起着维护和稳定社会秩序的作用。

②保障和促进社会主义经济发展的作用。消防法律规范是为经济基础服务的，是保护生产力发展的。因此，在我国消防法律规范中对如何保护森林、草原等资源，生产、使用、储存和运输易燃易爆化学物品，研制和采用具有火灾危险的新材料、新工艺、新设备，新建、改建、扩建工程的设计和施工，飞机、船舶、列车的运营等，都提出了明确的消防安全要求。这些规定和要求，对社会主义经济建设，都直接或间接起到了保障和促进作用。

③保障和促进社会主义精神文明建设的作用。火灾可以毁灭精神文明建设的成果。火灾的形成除自然因素外，都是人们不文明行为乃至犯罪行为的结果，为了保护社会主义精神文明建设的成果免遭火灾的危害，我国的消防法律规范对文物古建筑、影剧院、博物馆、图书馆、文化馆等文化场所的消防工作都做了明确规定。此外，消防法律规范还在消防宣传教育方面，大力倡导遵纪守法、遵守社会公德、营造良好社会风尚等；对在消防工作中有贡献、成绩突出者给

予奖励，对于违法乱纪甚至犯罪者给予惩罚等，这些都发挥了其保障和促进社会主义精神文明建设的作用。

（3）消防法律规范的管理作用

消防工作中大量的工作业务是进行消防方面的行政管理和监督。消防法律规范在管理中的作用主要有：

①保证必要的秩序。管理的关键在于信息、人、财、物的合理沟通，而运用消防法律规范进行管理，则要把沟通的方式用法律的形式规定下来，由此建立起法律秩序。它可以使消防管理系统中各个子系统明确自己的职责、权利、义务，使他们之间的沟通渠道畅通，并正常地发挥各自的职能，使整个管理系统自动、有效地运转。

②使管理系统具有稳定性。由于依法管理具有概括性和稳定性的特点，它能把现有的各种管理关系固定下来，使管理系统具有一定的稳定性。这种稳定性，是各种事物存在和进行有规律运动的基础。这种稳定有利于消防管理系统的发展。

③调解各种管理因素之间的关系。这是消防法律规范在管理中的主要作用。法律规范调节各种组织纵的和横的关系。消防法律规范可以根据应予调节对象特点和所提出任务性质，规定在实现管理活动中使用各种不同的方法（如服从、协商、建议等），并通过不断地改变其约束力的程度和范围来调节各种管理对象。

④对管理系统的发展有促进或阻碍作用。由于合理的消防法律规范能够抑制某些不合理的沟通，而保护合理的沟通，建立一种稳定的秩序，能提高管理和效率，所以它能对管理系统起促进作用，从而促进了消防事业的发展。但是，也应当看到各种法规一定要符合客观事物的发展规律，应随着客观情况的变化而发展和完善，否则不但不能起促进作用，反而会起阻碍作用。

2. 消防法律规范的结构及效力

1）消防法律规范的结构

消防法律规范的结构通常包括适用条件部分、行为模式部分和法律后果部分。

（1）适用条件部分

消防法律规范的适用条件部分是指消防法律规范中规定的适用该法规条件的内容。例如，《北京市消防条例》（北京市第十三届人民代表大会常务委员会第二十五次会议于 2011 年 5 月 27 日修订并公布）第二条规定，"本市行政区域内的机关、团体、企业、事业等单位及个人，应当遵守本条例"。第九十二条规定，"本条例自 2011 年 9 月 1 日起施行"。这两个条款，规定了适用《北京市消防条例》的地域、人员以及时间上的条件、内容。

（2）行为模式部分

消防法律规范的行为模式部分是指消防法律规范中规定的人们的行为准则或标准等方面的内容。

其中包括：

①义务行为，即主体应做的行为。例如，《中华人民共和国消防法》（以下简称《消防法》）第五条规定："任何单位和个人都有维护消防安全、保护消防设施、预防火灾、报告火警的义务。任何单位和成年人都有参加有组织的灭火工作的义务。"

②禁止行为，即主体不应做的行为。例如，《消防法》第二十一条规定："禁止在具有火灾、爆炸危险的场所吸烟、使用明火。因施工等特殊情况需要使用明火作业的，应当按照规定事先办理审批手续，采取相应的消防安全措施；作业人员应当遵守消防安全规定。"

③授权行为，即主体可以做的行为或可以不做的行为。例如，《江苏省消防条例》第五十一条中的"公安机关消防机构根据公共消防安全需要，可以公布火灾隐患、消防安全违法行为、不合格消防产品以及防火性能不符合消防安全要求的建筑材料等情况"。

（3）法律后果部分

消防法律规范的法律后果部分是指消防法律规范中规定的人们的行为符合或违反该法规的要求时，将产生某种可以预见的结果方面的内容。其中包括：

①肯定性法律后果，即对义务行为作为，得到容许或奖励的后果。例如，《消防法》第七条"对在消防工作中有突出贡献的单位和个人，应当按照国家有关规定给予表彰和奖励"的规定，即为肯定性法律后果。

②否定性法律后果，即对义务行为不作为、对禁止行为作为，得到批评或惩罚的后果。例如，《消防法》第六十八条"人员密集场所发生火灾，该场所的现场工作人员不履行组织、引导在场人员疏散的义务，情节严重，尚不构成犯罪的，处五日以上十日以下拘留"，具体规定了否定性法律后果。

2）消防法律规范的效力

消防法律规范的效力或有效性包括消防法律规范的本身有效性和消防法律规范的适用有效性。

（1）消防法律规范的本身有效性

①制定某一消防法律规范的机关，若有权制定该法规，则该法规为有效；若无权制定该法规，则该法规为无效。

②下级机关制定的某一消防法律规范，同上级机关制定的法规若不抵触，则下级机关制定的法规为有效；若抵触则无效。

（2）消防法律规范的适用有效性

消防法律规范的适用有效性是指消防法律规范在什么空间、什么时间及对什么人有法律效力。

①空间效力。空间效力是指消防法律规范在陆地、水域、空中的生效能力。空间效力通常由消防法律规范的立法部门的级别、属地管理原则、消防法律规范中规定的适用范围等来确定。

②时间效力。时间效力是指消防法律规范的生效日、失效日及溯及力。生效日是指法规公布施行之日；对于失效日来说，通常新法生效日即为旧法失效日，或者国家明令废除某项法规并规定出失效日；溯及力是指消防法律规范生效以前所发生的事件或行为是否适用该法规的问题，如适用则认为有溯及力，如不适用则认为无溯及力。我国的消防法律规范通常规定无溯及力。

③对人的效力。通常消防法律规范对我国境内所有人均有效力，法律另有规定的除外。例如，《中华人民共和国行政处罚法》（以下简称《行政罚法》）第三十条规定："不满十四周岁的未成年人有违法行为的，不予行政处罚，责令监护人加以管教；已满十四周岁不满十八周岁的未成年人有违法行为的，应当从轻或者减轻行政处罚。"

3. 我国的消防法律规范

1）我国的消防法律规范体系

消防法律规范是由国家各级有立法权的机关制定的，规定消防监督机构代表国家行使监督管理权，由社会各成员普遍遵守，用以维护我国消防安全和社会秩序的法律规范的总和。从法律关系看，消防法律规范主要调整的是我国消防监督管理中的各种社会关系，是由消防监督机构执行的，具有相对的独立性，独自形成了一个有机的法律规范体系，即消防法律规范。消防法律规范体系作为社会主义法律体系的重要部分之一，就必须要求消防法律规范既要考虑其在整个法律体系中的地位和作用，又要考虑与其他法律部门的协调和衔接问题。消防法律规范必须与其他部门法规体系保持和谐一致，不互相冲突。在消防法律规范的体系内部，又要求每个消防法律规范和谐一致，各法律规范之间要相互紧密联系，以便形成一个互有分工、互相配合、互相制约的有机统一整体。

从消防法律规范体系的内部构成来研究其内部关系最为清楚。我国消防法律规范体系是以《中华人民共和国宪法》（以下简称《宪法》）为依据，以《消防法》为基本法律，由行政法规、地方性法规、自治条例和单行条例、部门规章和地方政府规章以及有关消防的各种规范性文件共同组成的。根据我国法律规范的立法权限及效力层次，消防法律规范体系也可根据立法权限及效力的不等分成不同的等级层次。各等级层次既有分工，又互相制约、互相配合，协调有机地构成一个系统。消防法律规范体系，首先要求各种消防法律规范的原则、宗旨、任务、目的等不得与我国宪法相抵触。我国《宪法》第五条规定："国家维护社会主义法制的统一和尊严""一切法律、行政法规和地方性法规都不得同宪法相抵触"，这也是消防法律规范的指导原则。其次，在消防法律规范体系内，下一等级层次的消防法律规范不得同上一等级层次的消防法律规范相抵触。

2）消防法律规范的具体表现形式

消防法律规范的范围非常广泛，其具体表现形式主要是宪法、法律、行政法规、地方性法规、自治条例和单行条例、规章以及法律解释。

（1）宪法

宪法是国家的根本大法，由国家最高权力机关即全国人民代表大会制定。宪法是制定其他一切法律规范的依据，具有最高的法律地位，其他法律、法规和规章都不得与宪法相抵触。许多法律、法规的规定就是宪法条文的具体化。宪法精神和宪法原则是消防行政执法的重要依据。许多宪法条文就是消防行政执法的基本依据。宪法所包含的消防行政执法依据主要是；关于国家行政机关活动基本原则的规范；关于国家行政机关组织和职权规范；关于公民在行政法律关系中享有的权利和应尽的义务的规范等。

（2）法律

法律是全国人民代表大会或其常务委员会根据宪法或依职权制定的规范性文件。法律有基本法律和一般法律之分。在我国，基本法律是指由全国人民代表大会制定通过的法律，如《行政处罚法》、《中华人民共和国行政诉讼法》（以下简称《行政诉讼法》）等；一般法律是指由全国人民代表大会常务委员会制定的法律，如《中华人民共和国治安管理处罚法》（以下简称《治安管理处罚法》）。法律的效力低于宪法，但高于行政法规、地方性法规和规章，是我国消防行政执法的主要依据。而作为消防行政执法依据的法律主要包括以下两部分：

有关消防行政执法的专门性法律。2021年4月29日第十三届全国人民代表大会常务委员会第二十八次会议修订《消防法》是目前我国有关消防行政执法的专门性法律，起着基本法的作用。该法共七章七十四条，它明确规定了我国《消防法》的立法宗旨、消防工作的方针、领导机关以及负责实施消防监督管理的机构及其监督管理的范围，同时比较全面、系统、集中地规定了消防工作应坚持的基本原则和实行的基本制度，以及违反《消防法》的法律责任。《消防法》是我国当前消防行政执法的主要依据。

与消防行政执法有关的其他法律。在我国的法律体系中，除了专门性的消防行政执法法律《消防法》以外，还有很多虽不是专门规定消防行政执法的，但其中的一些法律规范也和消防行政执法密切相关的法律，也是消防行政执法的依据。这些法律主要有：《中华人民共和国森林法》《中华人民共和国草原法》《治安管理处罚法》《中华人民共和国产品质量法》《行政处罚法》《中华人民共和国行政复议法》《中华人民共和国国家赔偿法》等。

（3）行政法规

行政法规是指由国家最高行政机关——国务院根据宪法和法律制定和颁布的有关行政管理方面的专门性法律规范。作为消防行政执法依据最典型的行政法规是国务院发布的《森林防火条例》和《草原防火条例》。行政法规的效力等级低于宪法和法律，但高于地方性法规和规章。

（4）地方性法规

地方性法规是地方有立法权的人民代表大会及其常务委员会在不同宪法和法律相抵触的情况下，根据本地区的实际情况制定的规范性文件。需要指出的是，并非地方各级人民代表大会及其常务委员会都可以制定地方性法规。根据我国《中华人民共和国立法法》（以下简称《立法法》）的规定，省、自治区、直辖市的人民代表大会及其常务委员会根据本行政区域的具体情况和实际需要，在不同宪法、法律、行政法规相抵触的前提下，可以制定地方法规。设有区、市人民代表大会及其常务委员会根据本市的具体情况和实际需要，在不同宪法、法律、行政法规和本省、自治区的地方性法规相抵触的前提下，可以对城乡建设与管理、环境保护、历史文化保护等方面的事项制定地方性法规，法律对设有区的市制定地方性法规的事项另有规定的，从其规定。设有区的市地方性法规须报省、自治区的人民代表大会常务委员会批准后施行。法规的效力低于宪法、法律、行政法规，高于规章，并且只在本行政区域内有效。例如，2020年1月9日江苏省第十三届人民代表大会常务委员会第十三次会议通过的《江苏省燃气管理条例》。

（5）自治条例和单行条例

根据宪法规定，民族自治地方（包括自治区、自治州、自治县）的人民代表大会有权依照当地的政治、经济、文化的特点制定自治条例和单行条例，并报上一级人民代表大会常委会批准后生效。自治条例和单行条例的效力相当于地方性法规，在自治条例和单行条例中也有一部分是消防行政执法的依据。自治条例和单行条例仅限于在民族区域内施行。

（6）规章

规章有部门规章和地方政府规章之分。部门规章是指由国务院各部、委员会、中国人民银行、审计署和具有行政管理职能的直属机构，根据法律和国务院的行政法规、决定、命令，在本部门权限内制定的规范性文件；地方政府规章是由省、自治区、直辖市人民政府和较大的市人民政府，根据法律、行政法规和本省、自治区、直辖市的地方性法规，按照规定程序所制定的普遍适用于本地区行政管理的规范性文件。规章是有关行政管理的专门性法律规范，它在消防行政执法依据中占了大部分。2021 年 6 月 21 日中华人民共和国应急管理部令第 5 号公布的《高层民用建筑消防安全管理规定》，2021 年 9 月 13 日中华人民共和国应急管理部令第 7 号公布的《社会消防技术服务管理规定》。规章的效力低于宪法、法律、行政法规和地方性法规。

（7）法律解释

法律解释有广义和狭义两种含义。广义的法律解释，是指对所有法律规范的含义和具体应用所作的补充说明；狭义的法律解释仅指对全国人民代表大会及其常务委员会制定的法律所做的解释。这里所说的法律解释是指广义的法律解释。法律解释又可分为有权解释和无权解释两种。无权解释（学理解释）没有法律效力，因而不能成为消防行政执法的依据。根据 1981 年第五届全国人民代表大会常务委员会第十九次会议通过的《关于加强法律解释工作的决议》及我国《立法法》的规定，有权解释包括：

①立法解释。凡法律的规定需要进一步明确具体含义的或者法律制定后出现新的情况，需要明确使用法律依据的，由全国人民代表大会常务委员会进行解释，全国人民代表大会常务委员会的法律解释同法律具有同等效力。

②司法解释。对于属于法院审判工作中和检察院检察工作中具体应用法律、法令的问题，分别由最高人民法院和最高人民检察院进行解释。

③行政解释，即由国务院及其主管部门针对不属于审判和检察工作中的其他法律的具体应用问题以及自己依法制定的法规和规章进行解释。

④地方解释，即由地方各级人民代表大会常务委员会对自己制定的地方性法规（包括自治区条例和单行条例）进行解释；由地方各级人民政府及其所属的行政主管部门对本级人民代表大会及其常务委员会制定的地方性法规（包括自治条例和单行条例）的具体应用问题进行解释和由各地方政府对自己制定的规章进行解释。以上涉及行政管理的立法解释、行政解释和地方解释也是我国行政法律规范的表现形式，其中和消防行政执法有关的，也应是消防行政执法的依据。

在消防行政执法中，还会遇到大量既非行政法规，又非行政规章的规范性文件。它们是国务院、国务院各部门以及县级以上地方各级人民政府及其所属的行政主管部门在自己的职权范围内根据行政管理的需要而制定的。这些行政规范性文件不具有法律效力，不能直接作为消防行政执法的依据。对于规范性文件，执法主体在执法过程中可以参照，但不能在执法文书上引用。

二、中华人民共和国消防法

《消防法》于 1998 年 4 月 29 日第九届全国人民代表大会常务委员会第二次会议通过。2008 年 10 月 28 日第十一届全国人民代表大会常务委员会第五次会议修订。根据 2019 年 4 月 23 日第十三届全国人民代表大会常务委员会第十次会议《关于修改〈中华人民共和国建筑法〉等八部法律的决定》第一次修正。根据 2021 年 4 月 29 日第十三届全国人民代表大会常务委员会第二十八次会议《关于修改〈中华人民共和国道路交通安全法〉等八部法律的决定》第二次修正。该法共七章七十四条。

1. 关于消防工作的方针、原则和责任制

《消防法》在总则中规定"消防工作贯彻预防为主、防消结合的方针，按照政府统一领导、部门依法监管、单位全面负责、公民积极参与的原则，实行消防安全责任制，建立健全社会化的消防工作网络"，确立了消防工作的方针、原则和责任制。

"预防为主、防消结合"的方针，科学准确地阐明了"防"和"消"的关系，正确地反映了同火灾作斗争的基本规律。在消防工作中，必须坚持"防""消"并举、"防""消"并重的思想，将火灾预防和火灾扑救有机地结合起来，最大限度地保护人身、财产安全，维护公共安全，促进社会和谐。

"政府统一领导、部门依法监管、单位全面负责、公民积极参与"的原则是消防工作经验和客观规律的反映。"政府""部门""单位""公民"四者都是消防工作的主体，共同构筑消防安全工作格局，任何一方都非常重要，不可偏废。

"实行消防安全责任制，建立健全社会化的消防工作网络"，这是我国做好消防工作的经验总结，也是从无数火灾事故中得出的教训。各级政府、政府各部门、各行各业以及每个人在消防安全方面各尽其责，实行消防安全责任制，建立健全社会化的消防工作网络，有利于增强全社会的消防安全意识，有利于调动各部门、各单位和广大群众做好消防安全工作的积极性，有利于进一步提高全社会整体抗御火灾的能力。

2. 关于公民在消防工作中的权利和义务

《消防法》关于公民在消防工作中权利和义务的规定主要有：

（1）任何单位和个人都有维护消防安全、保护消防设施、预防火灾、报告火警的义务；任何单位和成年人都有参加有组织的灭火工作的义务。

（2）任何单位、个人不得损坏、挪用或者擅自拆除、停用消防设施、器材，不得埋压、圈占、遮挡消火栓或者占用防火间距，不得占用、堵塞、封闭疏散通道、安全出口、消防车通道。

（3）任何人发现火灾都应当立即报警。任何单位、个人都应当无偿为报警提供便利，不得阻拦报警。严禁谎报火警。

（4）火灾扑灭后，发生火灾的单位和相关人员应当按照消防救援机构的要求保护现场，接受事故调查，如实提供与火灾有关的情况。

（5）任何单位和个人都有权对住房和城乡建设主管部门、消防救援机构及其工作人员在执法中的违法行为进行检举、控告。

3. 关于建设工程消防设计审核、消防验收和备案抽查制度

《消防法》改革了建设工程消防监督管理制度，明确了建设工程消防设计审核、消防验收和备案抽查制度。

（1）《消防法》第十一条、第十三条第一款明确了消防设计审核、消防验收的范围。规定国务院住房和城乡建设主管部门规定的特殊建设工程，建设单位应当将消防设计文件报送住房和城乡建设主管部门审查，住房和城乡建设主管部门依法对审查的结果负责。国务院住房和城乡建设主管部门规定应当申请消防验收的建设工程竣工，建设单位应当向住房和城乡建设主管部门申请消防验收。

（2）《消防法》第十条、第十三条第一款第二款明确了其他工程实行备案抽查制度。规定对按照国家工程建设消防技术标准需要进行消防设计的建设工程，实行建设工程消防设计审查验收制度。其他建设工程，建设单位在验收后应当报住房和城乡建设主管部门备案，住房和城乡建设主管部门应当进行抽查。依法应当进行消防验收的建设工程，未经消防验收或者消防验收不合格的，禁止投入使用；其他建设工程经依法抽查不合格的，应当停止使用。

（3）《消防法》第十二条规定特殊建设工程未经消防设计审查或者审查不合格的，建设单位、施工单位不得施工；其他建设工程，建设单位未提供满足施工需要的消防设计图纸及技术资料的，有关部门不得发放施工许可证或者批准开工报告。

（4）《消防法》第五十八条对违反建设工程消防设计审核、消防验收、备案抽查规定的违法行为，规定了责令停止施工、停止使用、停产停业和罚款的行政处罚。

4. 关于公众聚集场所使用、营业前的消防安全检查

《消防法》明确公众聚集场所投入使用、营业前消防安全检查实行告知承诺管理。

（1）规定公众聚集场所在投入使用、营业前，建设单位或者使用单位应当向场所所在地的县级以上地方人民政府消防救援机构申请消防安全检查，作出场所符合消防技术标准和管理规定的承诺，提交规定的材料，并对其承诺和

材料的真实性负责。

（2）明确了消防救援机构对申请人提交的材料进行审查；申请材料齐全、符合法定形式的，应当予以许可。消防救援机构应当根据消防技术标准和管理规定，及时对作出承诺的公众聚集场所进行核查。

（3）申请人选择不采用告知承诺方式办理的，消防救援机构应当自受理申请之日起十个工作日内，根据消防技术标准和管理规定，对该场所进行检查。经检查符合消防安全要求的，应当予以许可。

（4）公众聚集场所未经消防救援机构许可，擅自投入使用、营业的，或者经核查发现场所使用、营业情况与承诺内容不符的，责令停止施工、停止使用或者停产停业，并处三万元以上三十万元以下罚款。核查发现公众聚集场所使用、营业情况与承诺内容不符，经责令限期改正，逾期不整改或者整改后仍达不到要求的，依法撤销相应许可。

5. 关于举办大型群众性活动的消防安全要求

《消防法》明确举办大型群众性活动，承办人应当依法向公安机关申请安全许可，制定灭火和应急疏散预案并组织演练，明确消防安全责任分工，确定消防安全管理人员，保持消防设施和消防器材配置齐全、完好有效，保证疏散通道、安全出口、疏散指示标志、应急照明和消防车通道符合消防技术标准和管理规定。

6. 关于消防产品监督管理

《消防法》进一步明确了消防产品监督管理制度。

（1）明确了对消防产品的基本要求，规定消防产品必须符合国家标准；没有国家标准的，必须符合行业标准。禁止生产、销售或者使用不合格的消防产品以及国家明令淘汰的消防产品。

（2）明确了消防产品强制认证制度，规定依法实行强制性产品认证的消防产品，由具有法定资质的认证机构按照国家标准、行业标准的强制性要求认证合格后，方可生产、销售、使用。新研制的尚未制定国家标准、行业标准的消防产品，应当按照国务院产品质量监督部门会同国务院应急管理部门规定的办法，经技术鉴定符合消防安全要求的，方可生产、销售、使用。

（3）明确了消防产品的监督管理主体，产品质量监督部门、工商行政管理部门、消防救援机构应当按照各自职责加强对消防产品质量的监督检查。

7. 关于消防技术服务机构和执业人员

《消防法》第三十四条规定，消防设施维护保养检测、消防安全评估等消防技术服务机构应当符合从业条件，执业人员应当依法获得相应的资格；依照法律、行政法规、国家标准、行业标准和执业准则，接受委托提供消防技术服务，并对服务质量负责。

三、相关法律法规

消防安全涉及社会生活的方方面面。这一特点决定了公共消防安全法律规范是由多种法律综合构成的。以下内容主要介绍消防安全领域以外与消防工作密切相关的七部相关法律。

1. 中华人民共和国行政处罚法

《行政处罚法》于 1996 年 3 月 17 日由第八届全国人民代表大会第四次会议通过，并自同年 10 月 1 日起施行。根据 2009 年 8 月 27 日由第十一届全国人民代表大会常务委员会第十次会议《关于修改部分法律的决定》第一次修正。2021 年 1 月 22 日第十三届全国人民代表大会常务委员会第二十五次会议修订），以中华人民共和国主席令第七十号公布，自 2021 年 7 月 15 日起施行。

（1）行政处罚的概念和种类

行政处罚是指行政机关依法对违反行政管理秩序的公民、法人或者其他组织，以减损权益或者增加义务的方式予以惩戒的行为。对实施处罚的主体来说，行政处罚是一种制裁性行政行为，对承受处罚的主体来说，行政处罚是一种惩罚性的行政法律责任。

《行政处罚法》规定的行政处罚种类有：警告、通报批评；罚款、没收违法所得，没收非法财物；暂扣许可证件、降低资质等级、吊销许可证件；限制开展生产经营活动、责令停产停业、责令关闭、限制从业；行政拘留；以及法律、行政法规规定的其他行政处罚。

（2）行政处罚的设定权

《行政处罚法》对行政处罚种类严格加以限制的同时，又对法律、行政法规、地方性法规、部门规章、政府规章各自的行政处罚设定权予以明确的规定。除此之外，任何规范性文件不得设定行政处罚。

（3）行政处罚的原则

①处罚法定原则。行政处罚的设定、主体、程序都要合法，法无明文规定不处罚。任何机关或组织不得在没有法律依据的情况下，对公民、法人或其他组织加以处罚。

②处罚公正、公开原则。公正原则要求设定和实施行政处罚必须以事实为依据，与违法行为的事实、性质、情节以及社会危害程度相当。公开原则要求有关行政处罚的法律规范要公开，行政机关的处罚行为要公开，违法责任要公开。

③处罚与教育相结合原则。行政处罚的目的不仅在于制裁违法者，更为重

要的是纠正违法行为，教育违法者及广大人民群众，提高人们的法制观念，从而自觉遵守法律规范。

④权利保障原则。在行政处罚的实施中必须对行政相对人的权利予以保障，行政相对人享有陈述权、申辩权、申请复议权、行政诉讼权、要求行政赔偿的权利以及要求举行听证的权利。

⑤一事不再罚原则。即对行为人的同一违法行为，不得给予两次以上罚款处罚。

（4）行政处罚的程序

行政处罚的程序分为一般程序、简易程序两大类，分别适用于不同条件的行政处罚行为。一般程序由受案、调查取证、告知、听取申辩和质证、决定等阶段构成。简易程序适用于违法事实确凿并有法定依据，当场作出的对公民处以警告或较少罚款的行政处罚。听证程序作为一般程序中可能经历的一个阶段，因其程序要求的特殊性，《行政处罚法》单节作出了具体规定，这种程序只适用于行政机关作出责令停产停业、吊销许可证或者执照、较大数额罚款等行政处罚。

（5）违法处罚的法律责任

《行政处罚法》规定，对违法实施行政处罚的人员追究法律责任。根据其行为的性质和程度，构成犯罪的，对直接负责的主管人员或其他直接责任人员追究刑事责任；不构成犯罪的，给予行政处分。

2. 中华人民共和国安全生产法

《中华人民共和国安全生产法》（以下简称《安全生产法》）于2002年6月29日由第九届全国人民代表大会常务委员会第二十八次会议通过，自2002年11月1日起施行。根据2009年8月27日第十一届全国人民代表大会常务委员会第十次审议《关于修改部分法律的决定》第一次修正，自2009年8月27日起施行。根据2014年8月31日第十二届全国人民代表大会常务委员会第十次会议《关于修改〈中华人民共和国安全生产法〉的决定》第二次修正，自2014年12月1日起施行。根据2021年6月10日第十三届全国人民代表大会常务委员会第二十九次会议《关于修改〈中华人民共和国安全生产法〉的决定》第三次修正，自2021年9月1日起施行。

（1）适用范围

法律的适用范围，也称法律的效力范围，主要包括三个方面：

法律适用的空间效力。即法律适用的地域范围。总的来说，本法在中华人民共和国领域内适用。按照法律空间效力范围的普遍原则，是适用于制定它的机关所管辖的全部领域，《安全生产法》作为全国人大常委会制定的法律，其效力自然适用于中华人民共和国的全部领域。按照我国香港、澳门两个特别行政区基本法的规定，只有列入这两个基本法附件三的全国性法律，才能在这两个特别行政区适用。《安全生产法》没有列入两个基本法的附件三中，因此暂不适用于香港特别行政区和澳门特别行政区。香港和澳门的安全生产立法，由这两个特别行政区的立法机关自行制定。

法律适用的主体范围。依照本条规定，本法适用的主体范围，是在中华人民共和国领域内从事生产经营活动的单位，是指一切合法或者非法从事生产经营活动的企业、事业单位和个体经济组织以及其他组织。包括国有企业事业单位、集体所有制的企业事业单位、股份制企业、中外合资经营企业、中外合作经营企业、外资企业、合伙企业、个人独资企业等，不论其性质如何、规模大小，只要是中华人民共和国领域内从事生产经营活动，都应遵守本法的各项规定。

法律适用的时间效力，是指法律从什么时候开始发生效力和什么时候失效。关于本法的时间效力，附则第119条对本法的生效时间做了规定，即2002年11月1日。截至目前，安全生产法已经过三次修改，每次修改均会对当次修改决定的实施日期作出规定，三次修改决定的施行日期分别是2009年8月27日、2014年12月1日、2021年9月1日。需要说明的是，修改决定的施行日期并不影响本法的施行日期，从时间效力上讲，安全生产法仍然从2002年11月1日起生效，生效日期之后从事生产经营活动的单位的安全生产，都纳入本法调整范围。

（2）本法的调整事项

本法的调整事项，是生产经营活动中的安全问题。因此，其适用的范围限定在生产经营领域。不属于生产经营活动中的安全问题，如台风和地震引发的自然灾害、公共场所集会活动中的安全问题等，不属于本法的调整范围。这里讲的"生产经营活动"，既包括资源的开采活动，各种产品的加工、制作活动，也包括各类工程建设和商业、娱乐业以及其他服务业的经营活动。按照依法治国、依法行政的要求，各级人民政府及政府有关部门对安全生产的监督管理，也必须遵守本法规定。依照本法规定对安全生产工作负有监督管理职责的机关及其工作人员应当依法履行职责。

（3）特殊领域安全生产的法律适用

考虑到国民经济行业分类较多，有一部分从事生产经营活动的单位或者某些安全事项具有特殊性，需要由专门的部门采取特殊的安全监管措施，对其单独立法进行规范是必要的。目前，已经有一些专门法律和行政法规对于特殊的生产经营活动及特殊的安全事项作出规定。如消防安全就属于特殊的安全事项，消防安全问题由消防法调整；道路、铁路、水运、空运等交通运输的安全问题，属于特殊的生产经营活动，其生产经营单位也比较特殊，从事的生产经营活动与一般生产经营单位在固定场所相比，有所不同，是在移动中进行的，目前已有道路交通安全法、铁路法、海上交通安全法、民用航空法等法律专门调整；为保障核安全，预防与应对核事故，安全利用核能，已制定核安全法；为防止放射性污染，保障人体健康，已制定放射性污染防治法；为预防特种设备事故，保障人身和财产安全，已制定了特种设备安全法。除以上法律外，相关领域还制定了大量行政法规。也就是说，在这些领域的安全事项，由有关的法律、行政法规进行调整，执行有关法律、行政法规中已作出的规定。对于一些安全生产方面的问题，上述法律、行政法规中未作规定的，仍然适用本法的规定。

需要说明的是，除了以上特殊领域安全生产法律的适用规则外，安全生产法的适用还需要与有关法律做好衔接。如矿山安全法对矿山安全生产、劳动法对劳动安全、煤炭法对煤矿安全、建筑法对建筑安全等都做了比较详细的规定，这些法律的规定与安全生产法的规定在原则、精神上是一致的，为了减少法律之间不必要的重复，对这些法律中已经作出比较具体规定的事项，安全生产法不再重复，只作出基本规定或原则规定。

3. 中华人民共和国行政许可法

《中华人民共和国行政许可法》（以下简称《行政许可法》）已由第十届全国人民代表大会常务委员会第四次会议于2003年8月27日通过，自2004年7月1日起施行。该法共8章83条。

（1）行政许可概念

行政许可是指行政机关根据公民、法人或者其他组织的申请，经依法审查准予其从事特定活动的行为。有关行政机关对其他机关或者对其直接管理的事业单位的人事、财物、外事等事项的审批，不属于行政许可。

（2）行政许可的基本原则

①合法原则。设定和实施行政许可，都必须严格按照法定的权限、范围、条件和程序进行。

②公开、公平、公正原则。有关行政许可的规定必须公布，未经公布的，不得作为实施行政许可的依据；行政许可的实施和结果，除涉及国家秘密、商业秘密或者个人隐私外，应当公开；对符合法定条件标准的申请人，要一视同仁，不得歧视。

③便民原则。行政机关在实施行政许可过程中，应当减少环节、降低成本，提高办事效率，提供优质服务。

④救济原则。公民、法人或者其他组织对行政机关实施行政许可，享有陈

述权、申辩权；有权依法申请行政复议或者提起行政诉讼；其合法权益因行政机关违法实施行政许可受到损害的，有权依法要求赔偿。

⑤信赖保护原则。公民、法人或者其他组织依法取得行政许可受到法律保护，非特殊情况行政机关不得擅自改变已经生效的行政许可。

⑥监督原则。县级以上人民政府必须建立健全对行政机关实施行政许可的监督制度。同时，行政机关也要对公民、法人或者其他组织从事行政许可事项的活动实施有效监督，发现违法行为应当依法查处。

（3）行政许可的设定

《行政许可法》第十二条规定了六类可以设定行政许可的事项：直接涉及国家安全、公共安全、经济宏观调控、生态环境保护以及直接关系人身健康、生命财产安全等特定活动，需要按照法定条件予以批准的事项；有限自然资源开发利用、公共资源配置以及直接关系公共利益的特定行业的市场准入等，需要赋予特定权利的事项；提供公众服务并且直接关系公共利益的职业、行业，需要确定具备特殊信誉、特殊条件或者特殊技能等资格、资质的事项；直接关系公共安全、人身健康、生命财产安全的重要设备、设施、产品、物品，需要按照技术标准、技术规范，通过检验、检测、检疫等方式进行审定的事项；企业或者其他组织的设立等，需要确定主体资格的事项；法律、行政法规规定可以设定行政许可的其他事项。

（4）行政许可的撤销

被许可人以欺骗、贿赂等不正当手段取得行政许可的，行政机关应当予以撤销。行政机关工作人员滥用职权、玩忽职守，违法作出行政许可决定的，有关行政机关根据利害关系人的请求或者依据职权，可以撤销行政许可。

（5）行政审批不得收取任何费用

行政机关实施行政许可和对行政许可事项进行监督检查，不得收取任何费用。但是，法律、行政法规另有规定的，依照其规定。

（6）法律责任

①行政机关及其工作人员的法律责任。针对该许可不许可，不该许可乱许可以及不依法履行监督责任或者监督不力等违法犯罪行为，对行政机关直接负责主管人员和其他直接责任人员依法追究刑事、行政和民事责任。

②以不正当手段获取行政许可的行政相对人将受惩处。主要包括：行政许可申请人隐瞒有关情况或提供虚假材料申请行政许可的违法行为；被许可人以欺骗、贿赂等不正当手段取得行政许可的违法犯罪行为；行政相对人违法从事行政许可，涂改、转让、倒卖、出租和出借行政许可证件或者非法转让行政许可的违法犯罪行为；行政相对人违法从事行政许可，超越行政许可范围进行活动的违法犯罪行为；向监督检查机关隐瞒有关情况，提供虚假材料或者拒绝提

供真实材料的违法犯罪行为；行政相对人未经行政许可，擅自从事行政许可活动的。针对这些违法犯罪行为，对行政相对人依法追究刑事、行政和民事责任。

4. 中华人民共和国产品质量法

《中华人民共和国产品质量法》（以下简称《产品质量法》）于 1993 年 2 月 22 日由第七届全国人民代表大会常务委员会第三十次会议通过，自 1993 年 9 月 1 日起施行；根据 2000 年 7 月 8 日第九届全国人民代表大会常务委员会第十六次会议《关于修改〈中华人民共和国产品质量法〉的决定》第一次修正；根据 2009 年 8 月 27 日第十一届全国人民代表大会常务委员会第十次会议《关于修改部分法律的决定》第二次修正。根据 2018 年 12 月 29 日第十三届全国人民代表大会常务委员会第七次会议《关于修改〈中华人民共和国产品质量法〉等五部法律的决定》第三次修正。该法共 6 章 74 条。

（1）调整范围

《产品质量法》所称产品是指经过加工、制作，用于销售的产品。建设工程不适用本法规定，但是用于建设工程的建筑材料、结构配件、设备，如果作为一个个独立的产品而被使用的，则应属于产品质量法的调整范围。另外，服务业中从事经营性服务所使用的材料和零配件，将其视同销售的产品，纳入产品质量法的调整范围。

（2）产品质量的监督

《产品质量法》明确提出了对产品质量都应经过检验，达到合格的要求，并以法律形式确立了国家对产品质量实施监督的基本制度，主要包括：

①对涉及保障人体健康和人身、财产安全的产品实行严格的强制监督管理的制度。

②产品质量监督部门依法对产品质量实行监督抽查并对抽查结果进行公告的制度。

③推行企业质量体系认证和产品质量认证的制度。

④产品质量监督部门和工商行政管理部门对涉嫌在产品生产、销售活动中从事违反本法的行为可以依法实行强制检查和采取必要的查封、扣押等强制措施的制度等。

（3）产品质量责任制度

《产品质量法》以生产者的产品质量责任和义务以及销售者的产品质量责任和义务构成产品质量责任制度，主要包括：

①生产者、销售者是产品质量责任的承担者，是产品质量的责任主体。

②生产者应当对其生产的产品质量负责，产品存在缺陷造成损害的，生产者应当承担赔偿责任。

③由于销售者的过错使产品存在缺陷造成危害的，销售者应当承担赔偿责任。

④因产品缺陷造成损害的，受害人可以向生产者要求赔偿，也可以向销售者要求赔偿。

⑤产品质量有瑕疵的，生产者、销售者负瑕疵担保责任，采取修理、更换、退货等救济措施；给购买者造成损失的，承担赔偿责任。

⑥产品质量应当是不存在危及人身、财产安全的不合理的危险，具备产品应当具备的使用性能，符合在产品或者其包装上注明采用的产品标准，符合以产品说明、实物样品等方式表明的质量状况。

⑦禁止生产、销售不符合保障人体健康和人身、财产安全的标准和要求的工业产品。

⑧产品质量应当检验合格，不得以不合格产品冒充合格产品。

（4）消费者权益保护

《产品质量法》从四个方面为消费者合法权益提供了保证：

①明确了消费者的社会监督权利。消费者有权对产品质量问题进行查询、申诉。

②销售者必须对消费者购买的产品质量负责。消费者发现产品质量有问题，有权要求销售者对出售的产品负责修理、更换、退货。

③消费者因产品质量问题受到人身伤害、财产损失后，有权向生产者或销售者的任何一方提出赔偿要求。消费者享有诉讼的选择权利和获得及时、合理的损害赔偿的权利。

④发生产品质量民事纠纷后，消费者可以选择协商、调解、协议仲裁或者起诉等各种渠道解决。

（5）法律责任

本法罚则条文共24条，占全部法律条文的三分之一，处罚力度较以往增强。

①处罚的重点主要是生产、销售不符合保障人体健康和人身、财产安全的国家标准、行业标准的产品的行为，制假售假行为，以及其他违法产品的生产、销售行为。

②处罚的手段多样，如警告，罚款，责令停止生产、销售，没收违法所得、没收非法财物，吊销执照，撤销资格，行政处分，追究民事责任、刑事责任；处罚的方式更有可操作性，如罚款，采用计算货值这种易于计算罚款的基数，并包含了加重处罚。

③处罚的对象范围宽泛，不仅有产品生产者、销售者，而且还有产品质量中介机构、产品质量的监督者、国家机关工作人员，以及参与质量违法活动的运输、保管、仓储、制假技术的提供者。

四、部门规章

1. 机关、团体、企业、事业单位消防安全管理规定

《机关、团体、企业、事业单位消防安全管理规定》（公安部令第 61 号）经 2001 年 10 月 19 日公安部部长办公会议通过，自 2002 年 5 月 1 日起施行。该规章共 10 章 48 条。

（1）消防安全责任人、消防安全管理人的确定

单位应当确定消防安全责任人、消防安全管理人，并依法报当地消防救援机构备案。法人单位的法定代表人或者非法人单位的主要负责人，对本单位的消防安全工作全面负责。

（2）单位消防安全管理工作中的两项责任制落实

单位应逐级落实消防安全责任制和岗位消防安全责任制，明确逐级和岗位消防安全职责，确定各级各岗位的消防安全责任人，对本级、本岗位的消防安全负责，建立起单位内部自上而下的逐级消防安全责任制度。

（3）消防安全责任人的消防安全职责

①贯彻执行消防法律规范，保障单位消防安全符合规定，掌握本单位的消防安全情况。

②将消防工作与本单位的生产、科研、经营、管理等活动统筹安排，批准实施年度消防工作计划。

③为本单位的消防安全提供必要的经费和组织保障。

④确定逐级消防安全责任，批准实施消防安全制度和保障消防安全的操作规程。

⑤组织防火检查，督促落实火灾隐患整改，及时处理涉及消防安全的重大问题。

⑥根据消防法律规范的规定建立专职消防队、义务消防队。

⑦组织制定符合本单位实际的灭火和应急疏散预案，并实施演练。

（4）消防安全管理人的消防安全职责

①拟订年度消防工作计划，组织实施日常消防安全管理工作。

②组织制订消防安全制度和保障消防安全的操作规程并检查督促其落实。

③拟订消防安全工作的资金投入和组织保障方案。

④组织实施防火检查和火灾隐患整改工作。

⑤组织实施对本单位消防设施、灭火器材和消防安全标志的维护保养，确保其完好有效，确保疏散通道和安全出口畅通。

⑥组织管理专职消防队和义务消防队。

⑦在员工中组织开展消防知识、技能的宣传教育和培训，组织灭火和应急

疏散预案的实施和演练。

⑧单位消防安全责任人委托的其他消防安全管理工作。另外，消防安全管理人应当定期向消防安全责任人报告消防安全情况，及时报告涉及消防安全的重大问题。

（5）强化消防安全管理

确定消防安全重点单位，严格实行管理；明确公众聚集场所应当具备的消防安全条件；强化消防安全制度和消防安全操作规程的建立健全，明确单位动火作业要求；明确单位禁止性行为和消防安全管理义务。

（6）加强防火检查，落实火灾隐患整改

消防安全重点单位应当进行每日防火巡查，并确定巡查的人员、内容、部位和频次。其他单位可以根据需要组织防火巡查。公众聚集场所在营业期间的防火巡查应当至少每两小时一次；营业结束时应当对营业现场进行检查，消除遗留火种。医院、养老院、寄宿制的学校、托儿所、幼儿园应当加强夜间防火巡查，其他消防安全重点单位可以结合实际组织夜间防火巡查。机关、团体、事业单位应当至少每季度进行一次防火检查，其他单位应当至少每月进行一次防火检查。消防设施、器材应当依法进行维修保养检测。对发现的火灾隐患要按照规定及时、积极地整改。

（7）开展消防宣传教育培训和疏散演练

消防安全重点单位对每名员工应当至少每年进行一次消防安全培训；公众聚集场所对员工的消防安全培训应当至少每半年进行一次；单位应当组织新上岗和进入新岗位的员工进行上岗前的消防安全培训。四类人员应当接受消防安全专门培训。单位应当制定灭火和应急疏散预案。其中，消防安全重点单位至少每半年按照预案进行一次演练；其他单位至少每年组织一次演练。

（8）建立消防档案

消防安全重点单位应当建立健全包括消防安全基本情况和消防安全管理情况的消防档案，并统一保管、备查。其他单位也应当将本单位的基本概况、消防救援机构填发的各种法律文书、与消防工作有关的材料和记录等统一保管备查。

2. 消防监督检查规定

《公安部关于修改〈消防监督检查规定〉的决定》（公安部令第120号，以下简称120号令）经2012年7月6日公安部部长办公会议通过，于2012年7月17日发布，并自2012年11月1日起施行。该规章共6章42条。

（1）适用范围

消防救援机构和公安派出所依法对单位遵守消防法律、法规情况进行消防监督检查。有固定生产经营场所且具有一定规模的个体工商户，纳入消防监督检查范围。

（2）消防监督检查形式

包括对公众聚集场所在投入使用、营业前的消防安全检查；对单位履行法定消防安全职责情况的监督抽查；对举报投诉的消防安全违法行为的核查；对大型群众性活动举办前的消防安全检查；根据需要进行的其他消防监督检查等五种形式。

（3）分级监管

①消防救援机构依法对机关、团体、企业、事业等单位进行消防监督检查，并将消防安全重点单位作为监督抽查的重点。

②公安派出所可以对居民住宅区的物业服务企业、居民委员会、村民委员会履行消防安全职责的情况和上级公安机关确定的单位实施日常消防监督检查。

（4）火灾隐患判定

具有影响人员安全疏散或者灭火救援行动，不能立即改正的；消防设施未保持完好有效，影响防火灭火功能的；擅自改变防火分区，容易导致火势蔓延、扩大的；在人员密集场所违反消防安全规定，使用、储存易燃易爆危险品，不能立即改正的；不符合城市消防安全布局要求，影响公共安全的；其他可能增加火灾实质危险性或者危害性的情形，应当确定为火灾隐患。

3. 火灾事故调查规定

《公安部关于修改〈火灾事故调查规定〉的决定》（公安部令第121号）经2012年7月6日公安部部长办公会议通过，于2012年7月17日发布，并自2012年11月1日起施行。该规章共6章48条。

（1）调查任务

火灾事故调查的任务是调查火灾原因，统计火灾损失，依法对火灾事故作出处理，总结火灾教训。

（2）管辖分工

根据具体情形分为地域管辖、共同管辖、指定管辖和特殊管辖。火灾事故调查一般由火灾发生地消防救援机构按照规定分工进行。

（3）调查程序

具有规定情形的火灾事故，可以适用简易调查程序，由一名火灾事故调查人员调查。除依照规定适用简易程序外的其他火灾事故，适用一般调查程序，火灾事故调查人员不得少于两人。

（4）复核

当事人对火灾事故认定有异议的，可以自火灾事故认定书送达之日起十五日内，向上一级消防救援机构提出书面复核申请；对省级消防救援机构作出的火灾事故认定有异议的，向省级消防救援机构提出书面复核申请。

（5）处理

消防救援机构在火灾事故调查过程中，根据不同情况分别予以立案侦查、行政处罚或者移送调查处理。

4. 社会消防安全教育培训规定

《社会消防安全教育培训规定》（公安部令第 109 号）经 2008 年 12 月 30 日公安部部长办公会通过，并经教育部、民政部、人力资源社会保障部、住房城乡建设部、文化部、广电总局、安全监督总局、国家旅游局同意，于 2009 年 4 月 13 日予以发布，自 2009 年 6 月 1 日起施行。该规章共 6 章 37 条。

（1）部门管理职责

公安、教育、民政、人力资源和社会保障、住房和城乡建设、文化、广电、安监、旅游、文物等部门应当依法开展有针对性的消防安全培训教育工作，并结合本部门职业管理工作，将消防法律法规和有关消防技术标准纳入执业或从业人员培训、考核内容。

（2）消防安全培训

单位应当建立健全消防安全教育培训制度，保障教育培训工作经费，按照规定对职工进行消防安全教育培训；在建工程的施工单位应当在施工前对施工人员进行消防安全教育，并做好建设工地宣传和明火作业管理等，建设单位应当配合施工单位做好消防安全教育工作；各类学校、居（村）委员会、新闻媒体、公共场所、旅游景区、物业服务企业等单位依法履行消防安全教育培训工作职责。

（3）消防安全培训机构

国家机构以外的社会组织或者个人利用非国家财政性经费，举办消防安全专业培训机构，面向社会从事消防安全专业培训的，应当经省级教育行政部门或者人力资源和社会保障部门依法批准，并到省级民政部门申请民办非企业单位登记。消防安全专业培训机构应当按照有关法律法规、规章和章程规定，开展消防安全专业培训，保证培训质量。消防安全专业培训机构开展消防安全专业培训，应当将消防安全管理、建筑防火和自动消防设施施工、操作、检测、维护技能作为培训的重点，对理论和技能操作考核合格的人员，颁发培训证书。

（4）奖惩

地方各级人民政府及有关部门和社会单位对在消防安全教育培训工作中有突出贡献或者成绩显著的，给予表彰奖励。对不履行消防安全教育培训工作职责的单位和个人予以处理。

5. 消防产品监督管理规定

《消防产品监督管理规定》（公安部令第 122 号）经 2012 年 4 月 10 日公安部部长办公会议通过，并经国家工商行政管理总局、国家质量监督检验检疫总局同意，于 2012 年 8 月 13 日发布，并自 2013 年 1 月 1 日起施行。该规章共 6 章 44 条。

（1）适用范围

消防产品是指专门用于火灾预防、灭火救援和火灾防护、避难、逃生的产品。在中华人民共和国境内生产、销售、使用消防产品，以及对消防产品质量实施监督管理，适用本规定。

（2）市场准入

①强制性产品认证制度。依法实行强制性产品认证的消防产品，由具有法定资质的认证机构按照国家标准、行业标准的强制性要求认证合格后，方可生产、销售、使用。

②消防产品技术鉴定制度。新研制的尚未制定国家标准、行业标准的消防产品，经消防产品技术鉴定机构技术鉴定符合消防安全要求的，方可生产、销售、使用。

（3）产品质量责任和义务

①生产者责任和义务。消防产品生产者应当对其生产的消防产品质量负责，建立有效的质量管理体系和消防产品销售流向登记制度；不得生产应当获得而未获得市场准入资格的消防产品、不合格的消防产品或者国家明令淘汰的消防产品。

②销售者责任和义务。消防产品销售者应当建立并执行进货检查验收制度，采取措施，保持销售产品的质量；不得销售应当获得而未获得市场准入资格的消防产品、不合格的消防产品或者国家明令淘汰的消防产品。

③使用者责任和义务。消防产品使用者应当查验产品合格证明、产品标识和有关证书，选用符合市场准入的、合格的消防产品。机关、团体、企业、事业等单位定期组织对消防设施、器材进行维修保养，确保完好有效。

（4）监督检查

质量监督部门、工商行政管理部门、消防救援机构分别对生产领域、流通领域、使用领域的消防产品质量进行监督检查。任何单位和个人在接受消防产品质量监督检查时，应当如实提供有关情况和资料；不得擅自转移、变卖、隐匿或者损毁被采取强制措施的物品，不得拒绝依法进行的监督检查。

（5）法律责任

对生产者销售者的消防产品违法行为分别由质量监督部门或者工商行政管理部门依法予以从重处罚；对建设、设计、施工、工程监理等单位、各类场所在使用领域存在的消防产品违法行为以及消防产品技术鉴定机构出具虚假文件的违法行为，由消防救援机构依法予以处罚；构成犯罪的，依法追究刑事责任。

第二节　违反消防法规的法律责任

消防法律责任是指违反消防管理的人（包括法人）由于违反消防法规所应承担的具有强制性的在法律上的责任。违反消防法规是承担消防管理法律责任的前提，承担消防管理的法律责任是违反消防法规的必然结果。公民、法人或者其他组织违反了消防法规，就应当承担相应的消防法律责任。

消防管理的法律责任通常有刑事责任和行政责任两种。刑事责任是指违反消防管理且触犯刑法而应承担的责任；行政责任是指违反消防管理且触犯国家消防行政法规而应承担的责任。其特点是在消防法规上有明确、具体的规定；由国家强制力保证执行；由国家授权的机关（如消防救援机构）依法追究。其他组织和个人无权行使此项权力。

消防管理的法律责任同违反消防管理的行为是紧密相连的，只有实施了某种违反消防管理行为的人（含法人），才承担相应的消防管理法律责任。如若只违反了某项企业的消防安全制度，而非消防管理的法律规定的行为，则不承担消防管理的法律责任。

由此可见，是否违反消防法规是是否承担消防管理法律责任的关键。为保证消防法规能够真正得到贯彻实施，对违反消防法规规定法定义务的公民、法人或者其他组织，必须追究其所应承担的法律责任。

为保证各项消防行政措施和技术措施的落实，消防救援机构需要根据法律所赋予的权力，运用必要的行政法律手段给予保证。行政处罚即是承担行政责任的具体形式。消防行政处罚的目的，就是通过处罚，教育违反消防法规的行为人，制止和预防违反消防法规行为的发生，以加强消防管理，维护社会秩序和公共消防安全，保护公民的合法权益。消防管理行政处罚是国家行政处罚的一种，是国家消防行政机关依照《行政处罚法》和《消防法》，对违反消防法规、妨碍公共消防安全或造成火灾事故但尚未构成犯罪的人依法实施的行政处罚。

一、消防行政处罚的构成与种类

1. 消防行政处罚的构成要素

消防行政处罚是国家行政处罚中的一种，是国家消防行政机关依法对违反消防行政法规的义务所给予的惩戒制裁。其构成要素是：

（1）消防行政处罚必须由国家消防行政主管机关即公安消防机构决定和执行，其他任何国家机关、企业事业单位和个人，非经法律许可或行政机关授权，不得对公民和法人实施消防行政处罚。

（2）被处罚的当事人确已构成违反消防行政法规，包括行为者必须有造成违反消防行政法规的主观上的故意和过失。

（3）违法行为必须是违反有关消防行政管理的法律、法规，如系违反刑法，民法的违法行为，则不适用于消防行政处罚。

（4）处罚内容合法，也就是处罚必须是在消防法律、法规所确立的罚则之内，受处罚的违法行为必须确属消防法律、法规所规定的罚则的适用范围，违法行为与所受处罚相适应。

（5）处罚必须按照法定的处罚程序实施。程序违法其结果必然无效。

2. 消防行政处罚的种类

根据《消防法》的规定，消防行政处罚的种类主要有警告、罚款、没收非法财物和违法所得、责令停止违法行为（包括责令停产停业，责令停止施工、停止使用、停止举办，责令恢复原状，强制拆除或者清除等）和行政拘留五种。

（1）警告，警告是行政机关或者法律、法规授权组织对违法行为人的谴责和告诫。警告是申诫罚的一种形式。其目的是通过对违法行为人精神上的惩戒，以申明其有违法行为，并使其不再违法。警告在消防行政处罚中主要适用于违反消防管理的行为轻微或者未造成实际危害后果的行为，或者是初犯并有了认识的人。警告不同于一般的批评教育，其主要区别在于，一般的批评教育是人民群众用来克服一般性缺点和错误的方法，是一种自我教育和互相教育的方法。而消防行政处罚中的警告虽然也带有教育的性质，但它是以国家机关的名义，对违反消防管理的人所采取的一种行政性处罚。因此，这种处罚应制作《行政处罚决定书》，并记录在案。

（2）罚款，罚款是行政处罚机关限令违法行为人在一定期限内向国家交纳一定数量金钱的处罚形式，是限制和剥夺违法行为人财产权的处罚，具有经济意义。它既是以缴付金钱为内容的制裁手段，又是纠正和制止违法行为的处罚措施。罚款的数额，根据《行政处罚法》规定，对公民处以二百元以下、对法人或者其他组织处以三千元以下罚款或者警告的行政处罚的，可以当场做出行政处罚决定。依法给予一百元以下罚款，或者不当场收缴事后难以执行的可以当场收缴。在边远、水上、交通不便地区，行政机关及其执法人员做出罚款决定后，当事人到指定的银行或者通过电子支付系统缴纳罚款确有困难，经当事人提出，行政机关及其执法人员可以当场收缴罚款。被处罚款的当事人，应当自收到《消防行政处罚决定书》之日起的十五日内，到指定的银行缴纳罚款。银行应当收受罚款，并将罚款直接上缴国库。如果当事人到期不缴纳罚款，做出行政处罚决定的公安消防机构可以根据罚款数额按每日 3% 加处罚款；或根据有关法律规定将查封、扣押的财物拍卖或者将冻结的存款划拨抵缴罚款；或申请人民法院强制执行。但是，如果当事人确有经济困难需要分期缴纳罚款的，经当事人申请和消防行政机关批准，也可以暂缓或者分期缴纳。

（3）没收非法财物和违法所得，没收即行政机关依照法定程序，对从事法律、法规有明确规定禁止的行为所带来的收益和财物，无偿收归国有的处罚。实际上也是一种限制和剥夺违法行为人财产权的处罚。如在消防行政处罚中，没收违章带入车站、码头、机场和带上列车、汽车、轮船、飞机上的易燃易爆危险品，或在易燃易爆危险场所使用的可产生火花的工具；没收违反规定生产、销售未经规定的检验机构检验合格的消防产品和违法所得等即属此种情况。

（4）责令停止违法行为，责令停止违法行为是行政机关要求从事违法活动的公民、法人或其他组织中止违法行为，令违法当事人履行其应当履行的义务，限制和剥夺违法行为人特定行为能力的一种行为处罚。责令停止违法行为的处罚形式主要有，责令停产停业、停止施工、停止使用、停止举办，责令恢复原状，强制拆除或者清除等。消防行政处罚中的停止违法行为是指消防救援机构在实施消防监督检查过程中，对发现或群众举报的随时有可能发生着火或爆炸的单位和部位，依据有关规定，在紧急状态下采取的一种消除火灾危险的强制性措施，通常通过填发《行政处罚决定书》的形式进行。根据《消防法》第七十条第四款的规定，责令停产停业，对经济和社会生活影响较大的，由住房和城乡建设主管部门或者应急管理部门报请本级人民政府依法决定。

（5）行政拘留，行政拘留是对违反行政管理的人依法在一定时间内限制其人身自由的处罚，只有公安机关才能行使。在消防监督管理中所实施的行政拘留，是对有违反消防管理行为尚不够刑事处罚的人实施的行政处罚。行政拘留处罚的程序适用《治安处罚法》的有关规定。

二、常见违反消防安全行政管理的行为

根据《消防法》第五十八条至第七十一条的规定，违反消防安全行政管理的行为常见的主要有以下几种：

（1）未按国家标准和行业标准配置消防设施、器材、消防安全标志或者

消防设施、器材、消防安全标志未保持完好有效的行为。《消防法》第十六条规定，机关、团体、企业、事业等单位应当按照国家标准、行业标准配置消防设施、器材，设置消防安全标志，并定期组织检验、维修，确保完好有效。这里的国家标准和行业标准主要是有关工程建设的消防技术标准。这里的"消防设施"一般是指固定的消防系统以及安全疏散设施等；"消防器材"是指移动的灭火器材、自救逃生器材；"消防安全标志"是指用以表达与消防有关的安全信息的图形标志或文字标志。按规定配置消防设施、器材、标志以及对其进行检验、维修，确保完好有效是预防火灾和扑救初期火灾、控制火灾蔓延以及保护人员疏散的有效举措。所以，凡是未按国家标准和行业标准配置消防设施、器材、消防安全标志或者消防设施、器材、消防安全标志未保持完好有效的行为均应当承担行政责任。

（2）埋压、圈占、损毁、挪用、拆除、停用消防设施、器材的行为。本行为是指埋压、圈占、损毁、挪用、拆除、停用消火栓、消防泵、水塔、蓄水池、自动报警探头、水喷淋头、自动灭火系统等消防设施、器材的行为。埋压是指在消防设施上方堆积沙土、砖石等物资；圈占是指由于违章建筑（建房、搭棚、围墙等）而把消防设施圈在里面；损毁是指将消防设施弄坏，使其失去正常功能。《消防法》第二十八条规定，任何单位、个人不得损坏、挪用或者擅自拆除、停用消防设施、器材，不得埋压、圈占、遮挡消火栓……这是因为消火栓、水泵、水塔、蓄水池、灭火器具等消防设施、器材，是扑救火灾的重要设施，必须保持完整有效的状态。如若损毁消防安全标志，埋压、圈占、拆移、损毁消火栓、水泵、水塔、蓄水池等消防设施，将消防设施、器材擅自挪作他用，一旦发生火灾，将要贻误时机，影响火灾的扑救，造成不应有的损失。所以，凡是不遵守消防安全规定，随意埋压、圈占、损毁、挪用消防设施、器材的均应当承担行政责任。

（3）占用防火间距或者堵塞消防车通道的行为。本行为是指违反消防安全规定，占用防火间距或者搭棚、盖房、挖沟、砌墙，堵塞消防车通道的行为。防火间距是指在建筑物之间按照防火要求预留出的一定距离的空间。因为防火间距是供火灾发生时防止火灾蔓延、疏散人员和物资，为灭火人员提供的布置消防器材和采取灭火战斗行动、通行消防车辆所需要的场地。如果被随意占用，或在防火间距内搭棚、盖房、挖沟、砌墙，就会缩小防火间距，失去防止火灾蔓延的作用，影响消防车辆的通行和灭火战斗行动及人员疏散，加大火灾损失。因此，《消防法》第二十八条中规定，任何单位、个人不得占用防火间距，不得占用、堵塞、封闭疏散通道、安全出口、消防车通道。故对占用防火间距和堵塞消防车通道的行为应当承担行政责任。

（4）不改正重大火灾隐患的行为。本行为是指存在重大火灾隐患，经消防救援机构通知逾期不改正的行为。《消防法》第五十四条规定，"消防救援机构在消防监督检查中发现火灾隐患的，应当通知有关单位或者个人立即采取措施消除隐患；不及时消除隐患可能严重威胁公共安全的，消防救援机构应当依照规定对危险部位或者场所采取临时查封措施。"这既是消防救援机构的责任和义务，同时也是权力。消防救援机构依据《消防法》的规定对有关机关、团体、企业、事业单位遵守消防法律、法规的情况，进行消防监督检查，提出改正火灾隐患的要求，是为了保证企业单位的消防安全。作为单位来讲，在有能力、有条件的情况下，应当主动加以改正，所以对存在重大火灾隐患，经消防救援机构通知逾期不加改正的行为，应当承担行政责任。

（5）公众聚集场所未经消防救援机构许可，擅自投入使用、营业的，或者经核查发现场所使用、营业情况与承诺内容不符的行为。公众聚集场所是指宾馆、饭店、商场、集贸市场、客运车站候车室、客运码头候船厅、民用机场航站楼、体育场馆、会堂以及公共娱乐场所等。该行为有两种：一是该场所未经消防救援机构许可，擅自投入使用、营业的；二是经核查发现场所使用、营业情况与承诺内容不符的。这两种违法行为都有可能使公众聚集的场所在开业或者使用后存在火灾隐患。所以，对这两种行为都应当承担行政责任。

（6）违法使用不合格建筑或者装饰、装修构件、材料的行为。本行为是指违反消防法的规定，擅自降低消防技术标准施工，使用防火性能不符合国家标准或者行业标准的建筑构件和建筑材料或者不合格的装修、装饰材料施工的行为。《消防法》第二十六条规定，"建筑构件、建筑材料和室内装修、装饰材料的防火性能必须符合国家标准；没有国家标准的，必须符合行业标准。人员密集场所室内装修、装饰，应当按照消防技术标准的要求，使用不燃、难燃材料"。建筑构件和建筑材料的防火性能如何是决定建筑物防火性能的关键，如果建筑构件和建筑材料的防火性能不能保证，那么整个建筑工程的防火性能也就不能保证，就会给建筑工程带来先天性的火灾隐患。所以，对擅自降低消防技术标准施工，使用防火性能不符合国家标准或者行业标准的建筑构件和建筑材料或者不合格的装修、装饰材料施工的行为应当承担行政责任。

（7）电器产品、燃气用具的安装或者线路、管路的敷设违反消防安全规定的行为。由于电器产品、燃气用具存在问题或者安装、使用和线路、管路的设计、敷设不符合消防安全技术要求，常常是导致火灾的主要原因，有的甚至造成人员重大伤亡。根据《消防法》第二十七条关于"电器产品、燃气用具的产品标准，应当符合消防安全的要求。电器产品、燃气用具的安装、使用及其线路、管路的设计、敷设、维护保养、检测，必须符合消防技术标准和管理规定"的规定，本行为应当承担行政责任。

（8）违法生产、销售、维修、检测消防产品的行为。根据《消防法》第二十四条规定，"消防产品必须符合国家标准；没有国家标准的，必须符合行业标准。禁止生产、销售或者使用不合格的消防产品以及国家明令淘汰的消防产品。依法实行强制性产品认证的消防产品，由具有法定资质的认证机构按照国家标准、行业标准的强制性要求认证合格后，方可生产、销售、使用。实行强制性产品认证的消防产品目录，由国务院产品质量监督部门会同国务院应急管理部门制定并公布。新研制的尚未制定国家标准、行业标准的消防产品，应当按照国务院产品质量监督部门会同国务院应急管理部门规定的办法，经技术鉴定符合消防安全要求的，方可生产、销售、使用。依照本条规定经强制性产品认证合格或者技术鉴定合格的消防产品，国务院应急管理应当予以公布。"因为消防产品质量以及自动消防系统质量的好坏，是直接关系到能否有效地灭火的问题。在关键时刻，一具好的灭火器能够避免一场大火。本行为是指违反以上规定，生产、销售不合格的消防产品，违反消防安全技术规定，进行维修、检测的行为。

（9）违反消防安全规定进入生产、储存易燃易爆危险物品场所的行为。生产、储存易燃易爆危险物品的场所是指生产、储存具有爆炸性、易燃性、氧化性的危险物品及其他散发或有可能泄漏、排放易燃气体、蒸气等火灾危险性较大的仓库、储罐区、储藏间及生产部位和装卸站台、货场、码头等场所或区域。因为这些地方具有很大的火灾危险性，一旦管理不善，控制不严，遇明火就会发生着火或爆炸事故，并有可能造成重大的经济损失或人员伤亡。所以，《消防法》第二十三条第二款规定，"进入生产、储存易燃易爆危险品的场所，必须执行消防安全规定。禁止非法携带易燃易爆危险品进入公共场所或者乘坐公共交通工具"。因此，对违反消防安全规定进入生产、储存易燃易爆危险物品场所；或者非法携带易燃易爆危险物品进入公共场所或者乘坐公共交通工具的行为应当承担行政责任。

（10）违反防火禁令的行为。本行为是指违法使用明火作业或者在具有着火、爆炸危险的场所违反禁令，吸烟或使用明火的行为。《消防法》第二十一条规定，"禁止在具有火灾、爆炸危险的场所吸烟、使用明火。因施工等特殊情况需要使用明火作业的，应当按照规定事先办理审批手续，采取相应的消防安全措施；作业人员应当遵守消防安全规定。进行电焊、气焊等具有火灾危险作业的人员和自动消防系统的操作人员，必须持证上岗，并遵守消防安全操作规程"。由于违反以上规定往往导致重大损失或者人员重大伤亡，所以违法使用明火作业或者在具有着火、爆炸危险的场所违反禁令，吸烟或使用明火的行为，应当承担行政责任。

（11）指使或者强令他人冒险作业的行为。是指指使或者强令他人违反消防安全规定，冒险作业，尚未造成严重后果的行为。该行为在客观方面表现为指使或者强令他人违章，冒险作业，尚未造成严重后果。

  这里的冒险作业，是指在可能发生着火或爆炸的条件下进行作业的行为。例如，焊接或切割未经清洗、置换或其他安全处理的盛装过易燃液体、气体的容器，就属于冒险作业。而这一条并不是指操作者本身，而是针对指使或强令操作者操作的领导者而言的。

  这里的指使是指直接命令、指示、意见，也包括比较隐晦的默认、默许等暗示；这里的强令，是指不管他人是否同意，而以强制性命令迫使他人违章冒险作业。所谓尚未造成严重后果，是指指使或者强令他人违章冒险作业行为情节轻微，只是造成了一般性的后果。如果造成人员重伤或者死亡或者公私财产重大损失等严重后果，则应以重大责任事故罪论处。从消防安全管理的角度看，不管是否造成后果，只要是指使或者强令他人违反消防安全法规冒险作业的人，都应当承担行政责任。

  （12）阻拦报火警或者谎报火警的行为。根据《消防法》第四十四条第一款的规定，"任何人发现火灾都应当立即报警。任何单位、个人都应当无偿为报警提供便利，不得阻拦报警。严禁谎报火警"。如果违法行为人阻拦报火警，势必耽误消防机构的接警时间，延误火灾的扑救和遇险群众的抢救，从而扩大火灾损失和人员的伤亡；"谎报火警"就是故意编造火警并向有关部门报告的行为。如果谎报火警，就是谎报险情，制造混乱。这种行为所扰乱的消防救援机构的正常执勤秩序，有危害面大、影响恶劣的特点，容易造成广大人民群众的不安全感，引起社会秩序的混乱，故必须承担行政责任。

  （13）故意阻碍消防车、消防艇赶赴火场或者扰乱火场秩序的行为。由于消防车、消防艇到达火场时间的长短，直接关系到火灾扑救的成败，关系到能否减少火灾损失和避免人身伤亡。根据《消防法》第四十七条的规定，"消防车、消防艇前往执行火灾扑救或者应急救援任务，在确保安全的前提下，不受行驶速度、行驶路线、行驶方向和指挥信号的限制，其他车辆、船舶以及行人应当让行，不得穿插超越；收费公路、桥梁免收车辆通行费。交通管理指挥人员应当保证消防车、消防艇迅速通行。赶赴火灾现场或者应急救援现场的消防人员和调集的消防装备、物资，需要铁路、水路或者航空运输的，有关单位应当优先运输"。所以，在消防车、消防艇在奔赴火场的途中，其他车辆、船舶以及行人应当主动让行，以使消防车、消防艇能够顺利通行，及时到达火场，迅速灭火救灾。如果拒不让行，故意阻碍消防车、消防艇的通行，就会延误扑火救灾，扩大或增加火灾造成的损失和伤亡。火灾现场秩序的好坏对能否及时、顺利扑灭火灾至关重要，如果在场人员不听从火场指挥员的指挥，就会造成火场秩序混乱，影响灭火救灾，还有可能造成人员伤亡。所以以上行为应当承担行政责任。

（14）拒不执行火场指挥员指挥，影响灭火救灾的行为。第二十九条规定，"负责公共消防设施维护管理的单位，应当保持消防供水、消防通信、消防车通道等公共消防设施的完好有效。在修建道路以及停电、停水、截断通信线路时有可能影响消防队灭火救援的，有关单位必须事先通知当地消防救援机构"。第四十二条规定，"消防救援机构应当对专职消防队、志愿消防队等消防组织进行业务指导；根据扑救火灾的需要，可以调动指挥专职消防队参加火灾扑救工作"。《消防法》第四十五条规定，"消防救援机构统一组织和指挥火灾现场扑救，应当优先保障遇险人员的生命安全。火灾现场总指挥根据扑救火灾的需要，有权决定下列事项：使用各种水源；截断电力、可燃气体和可燃液体的输送，限制用火用电；划定警戒区，实行局部交通管制；利用临近建筑物和有关设施；为了抢救人员和重要物资，防止火势蔓延，拆除或者破损毗邻火灾现场的建筑物、构筑物或者设施等；调动供水、供电、供气、通信、医疗救护、交通运输、环境保护等有关单位协助灭火救援。根据扑救火灾的紧急需要，有关地方人民政府应当组织人员、调集所需物资支援灭火。"如果有关单位或公民不听从火场指挥员的指挥，不履行以上各条规定的义务，那么，火灾将难以及时顺利地扑灭，甚至带来更大的经济损失和人员伤亡，故对拒不执行火场指挥员指挥，影响灭火救灾的行为应当承担行政责任。

（15）过失引起火灾，妨害公共安全，尚未造成严重损失的行为。本行为是指由于行为人疏忽大意或者过于自信，不懂消防知识，不注意消防安全而引发火灾，妨害公共安全，且尚未造成严重损失的行为。"疏忽大意"是行为人应当预见自己的行为可能发生危害社会的后果但因疏忽大意而没有预见；"过于自信"是行为人对自己的行为可能发生某种危害社会的结果有预见，但轻信能够避免，以致发生这种结果。例如某商场售货员在销售电热毯时，在插入电源试用后下班时忘记拔电源就离去，结果电热毯因长时间折叠通电而引起火灾，但由于发现及时未造成严重损失，即属过失引起火灾的行为。《消防法》第五条中规定，"任何单位和个人都有维护消防安全、保护消防设施、预防火灾、报告火警的义务"。如果当事人未履行或者未认真履行维护消防安全和预防火灾的义务，过失引起火灾尚未造成严重损失的行为则应当承担行政责任。

（16）为隐瞒、掩饰起火原因，推卸火灾责任，故意破坏或伪造火灾现场的行为。《消防法》第五十一条第二款规定，"火灾扑灭后，发生火灾的单位和相关人员应当按照消防救援机构的要求保护现场，接受事故调查，如实提供与火灾有关的情况"。如果失火单位在火灾发生后，为隐瞒、掩饰起火原因，推卸火灾责任，故意破坏或伪造火灾现场，就会给及时查明、认定起火原因，核定火灾损失，分清火灾事故责任造成障碍，所以，对违反以上规定，尚不构成犯罪的行为，应当承担行政责任。适用本行为应同时具备两个条件：一是故意实施破坏现场或者伪造现场；二是为了隐瞒、掩饰起火原因，推卸责任。如果有的群众是为了寻找自己的被埋压在火灾现场中的财物而破坏了火灾现场的，则不能予以处罚，可以讲清道理，予以劝阻或给予一定的批评教育。

（17）违反易燃易爆危险物品管理的行为。易燃易爆危险物品，是指爆炸品、易燃品以及具有较大火灾危险性的其他（含毒害品、腐蚀品）危险物品。《消防法》第二十三条规定，"生产、储存、运输、销售、使用、销毁易燃易爆危险品，必须执行消防技术标准和管理规定"。易燃易爆危险物品由于自身的特性，极易发生火灾，对消防安全构成很大的潜在危险性，如果违反有关技术标准或消防安全管理规定，就很容易引起着火、爆炸、中毒和放射性污染等事故，且往往难以扑救，使国家和公民的财产以及生命安全遭受重大损失。所以，对违反国家有关消防安全规定，生产、储存、运输、销售、使用、销毁易燃易爆危险物品的都是违反消防法的行为，尚未造成严重后果的行为应当承担行政责任。

（18）不履行组织、引导在场群众疏散的行为。本行为是指公共场所发生火灾时，该公共场所的现场工作人员不履行组织、引导在场群众疏散的义务，造成人员伤亡，尚不构成犯罪的行为。《消防法》第四十四条第二款规定，"人员密集场所发生火灾，该场所的现场工作人员应当立即组织、引导在场人员疏散"。"现场工作人员"是指人员密集场所发生火灾时，在现场的工作人员。因为该人员密集场所的现场工作人员熟悉本场所的楼房、道路、通道情况，更有组织、引导在场群众疏散的义务，如果这些人员不履行组织、引导在场群众疏散的义务，只顾自己逃命，丢下在场群众于不顾，而在场群众则由于不熟悉现场疏散通道情况，势必会造成较大的人员伤亡，故对此种行为应当承担行政责任。

第三节　消防技术规范

消防技术规范，也称建设工程防火规范，是对民用和工业建设工程在设计、施工验收和维护管理各个阶段作出的最低消防安全技术要求。

其中，国家标准分为强制性国家标准和推荐性国家标准。国家标准的代号由大写汉语拼音字母构成。强制性国家标准的代号为"GB"，推荐性国家标准的代号为"GB/T"。国家标准的编号由国家标准的代号、国家标准发布的顺序号和国家标准发布的年号构成。其一般格式为：GB××××—××；GB/T××××—××。强制性消防技术国家规范主要由从事建筑活动的建设、勘察、设计、施工、工程监理等单位、建设行政主管部门和公安消防机构来执行。

随着我国经济建设的不断发展，消防技术规范的数量越来越多，相互之间的衔接与协调日趋重要，因此，必须尽快建立科学、完善的消防技术规范体系，以适应工程建设及相关规范的发展需要，推动和指导消防技术规范的制定和修订工作。

一、我国国家规范的制定和修订程序

1. 我国国家标准的制定

（1）准备阶段

规范主编单位（或规范管理单位）向规范行政主管部门提出编制规范的申请报告；规范行政主管部门组织有关专家对拟制定的规范项目进行审查；根据规范管理单位下达的规范制订计划，规范行政主管部门向规范起草单位下达编制任务，并向参编单位发函，确定参编人员；规范起草单位开始进行规范制定的筹备工作；负责起草单位筹备工作完成后，由主编部门或由主编部门委托主编单位主持召开编制组第一次工作会议；主编单位主持召开编制组工作会议，规范行政主管部门派人员参加。

（2）征求意见阶段

负责起草单位应对所要制定的国家标准的质量及其技术内容全面负责，应按《标准化工作导则》的要求起草国家标准征求意见稿，同时编写"编制说明"及有关附件，其内容一般包括：

①工作简况，包括任务来源、协作单位、主要工作过程、国家标准主要起草人及其所做的工作等。

②国家标准编制原则和确定国家标准主要内容（如技术指标、参数、公式、性能要求、试验方法、检验规则等）的论据（包括试验、统计数据），修订国家标准时，应增加新旧国家标准水平的对比。

③主要试验（或验证）的分析、综述报告，技术经济论证，预期的经济效果。

④采用国际标准和国外先进标准的程度，以及与国外同类标准水平的对比情况，或与测试的国外样品、样机的有关数据对比情况。

⑤与有关的现行法律、法规和强制性国家标准的关系。

⑥重大分歧意见的处理经过和依据。

⑦国家标准作为强制性国家标准或推荐性国家标准的建议。

⑧贯彻国家标准的要求和措施建议（包括组织措施、技术措施、过渡办法等内容）。

⑨废止现行有关标准的建议。

⑩其他应予以说明的事项。

对需要有标准样品对照的国家标准，一般应在审查国家标准前置备相应的标准样品。

国家标准征求意见稿和"编制说明"及有关附件，经负责起草单位的技术负责人审查后，印发各有关部门的主要生产、经销、使用、科研、检验等单位及大专院校征求意见。对国家标准征求意见稿征求意见时，应明确征求意见的期限（一般为两个月），可列出征求意见的表格，以便于意见的综合、整理；被征求意见的单位应在规定期限内回复意见，如没有意见也应复函说明，逾期不复函，按无异议处理。对比较重大的意见，应说明论据或提出技术经济论证。

（3）送审阶段

负责起草单位应对征集的意见进行归纳整理，经分析、研究和处理后提出国家标准送审稿、"编制说明"及有关附件、"意见汇总处理表"，送负责该项目的技术委员会秘书处或技术归口单位审阅，并确定能否提交审查，必要时可重新征求意见。

国家标准送审稿的审查，凡已成立技术委员会的，由技术委员会按《全国专业标准化技术委员会章程》组织进行，未成立技术委员会的，由项目主管部门或其委托的技术归口单位组织进行。各有关部门的主要生产、经销、使用、科研、检验等单位及大专院校的代表参加审查。其中，使用方面的代表不应少于四分之一。审查可采用会议审查或函审。对技术、经济意义重大，涉及面广，分歧意见较多的国家标准送审稿可会议审查；其余的可函审。会议审查或函审由组织者决定。会议审查时，组织者至少应在会议前一个月将会议通知、国家标准送审稿、"编制说明"及有关附件、"意见汇总处理表"等提交给参加国家标准审查会议的部门、单位和人员；函审时，组织者应在函审表决前两个月将函审通知和上述文件及"函审单"提交给参加函审的部门、单位和人员。会议审查，原则上应协商一致。如需表决，必须要有不少于出席会议代表人数的四分之三同意为通过；国家标准的起草人不能参加表决，其所在单位的代表不能超过参加表决人数的四分之一。函审时，必须要有四分之三回函同意才能通过，会议代表出席率及函审回函率不足三分之二时，应重新组织审查。会议审查应写出"会议纪要"，并附参加审查会议的单位和人员名单及未参加审查会议的有关部门和单位名单；函审应写出"函审结论"，并附"函审单"。会议纪要应如实反映审查情况。

（4）报批阶段

负责起草单位应根据审查意见提出国家标准报批稿。国家标准报批稿和会议纪要应经与会代表通过。国家标准报批稿由国务院有关行政主管部门或国务院标准化行政主管部门领导与管理的技术委员会，报国家标准审批部门审批。国家标准报批稿内容应与国家标准审查时审定的内容一致，如对技术内容有改动，应附有说明。报送的文件应有：

①报批国家标准的公文一份。

②国家标准报批稿四份，另附应符合制版要求的插图一份。

③"国家标准申报单""编制说明"及有关附件、"意见汇总处理表"、国家标准审查"会议纪要"或"函审结论"各两份。

④如系采用国际标准或国外先进标准制定的国家标准，应有该国际标准或国外先进标准原文（复制件）和译文各一份。

国家标准由国务院标准化行政主管部门统一审批、编号、发布，并将批准的国家标准一份退报批部门；工程建设国家标准由国务院工程建设主管部门审批，国务院标准化行政主管部门统一编号，国务院标准化行政主管部门和工程建设主管部门联合发布。制定国家标准过程中形成的有关资料，按标准档案管理规定的要求，进行归档。国家标准由中国标准出版社出版；工程建设国家标准的出版，由国家标准的审批部门另行安排。在国家标准出版过程中，如发现内容有疑点或错误时，由标准出版单位及时与负责起草单位联系；如国家标准技术内容需更改时，须经国家标准的审批部门批准；需要翻译为外文出版的国家标准，其译文由该国家标准的主管部门组织有关单位翻译者审定，并由国家标准的出版单位出版。国家标准出版后，如发现个别技术内容有问题，必须做少量修改或补充时，由负责起草单位提出"国家标准修改通知单"，经技术委员会或技术归口单位审核，报该国家标准的主管部门审查，经同意后，备文并附"国家标准修改通知单"（一式四份），报国家标准的审批部门批准发布。

2. 我国国家标准的复审

国家标准实施后，应当根据科学技术的发展和经济建设的需要，由该国家标准的主管部门组织有关单位适时进行复审，复审周期一般不超过五年。国家标准的复审可采用会议审查或函审。会议审查或函审，一般都要有参加过该国家标准审查工作的单位或人员参加。国家标准复审结果，按下列情况分别处理：

（1）不需要修改的国家标准确认继续有效；确认继续有效的国家标准，不改顺序号和年号。当国家标准重版时，在国家标准封面上、国家标准编号下写明"××××年确认有效"字样。

（2）需作修改的国家标准，作为修订项目列入计划。修订的国家标准顺序号不变，把年号改为修订的年号。

（3）已无存在必要的国家标准，应予以废止。

负责国家标准复审的单位，在复审结束后，应写出复审报告，内容包括：复审简况、处理意见、复审结论。经该国家标准的主管部门审查同意后，一式四份，报国家标准的审批部门批准发布。

二、我国现行的消防技术规范体系

1.我国现行的消防技术规范

我国消防技术规范分国家规范、行业规范、地方规范和协会推荐性规范，分别由不同的行政或行业部门组织制定，涵盖城镇建设、电力工程、石油天然气工程、石油化工工程、煤炭工业工程、水利工程、铁道交通工程、航空工业工程、民航工程、机械工业工程、信息产业工程、广播电影电视工程、人民防空工程、核工业工程等工业工程与民用建设工程的各个领域。

改革开放以来，在工程建设规范行政管理部门、各主编部门以及社会各界专家的共同努力下，消防技术规范的制定、修订和管理工作取得了很大的成绩。截至目前，我国编制的消防技术规范已达二百余项，内容涉及建筑工程消防设计、施工及验收等各个方面。

本章选取住房和城乡建设部和公安部主编的规范进行简要介绍。

（1）《消防设施通用规范》（GB 55036—2022）。本规范的主管部门为中华人民共和国住房和城乡建设部，自2023年3月1日起实施。本规范共分12章，主要内容有：总则，基本规定，消防给水与消火栓系统，自动喷水灭火系统，泡沫灭火系统，水喷雾、细水雾灭火系统，固定消防炮、自动跟踪定位射流灭火系统，气体灭火系统，干粉灭火系统，灭火器，防烟与排烟系统，火灾自动报警系统等。规范为强制性工程建设规范，全部条文必须严格执行。现行工程建设标准中有关规定与本规范不一致的，以本规范的规定为准。国家标准《卤代烷1211灭火系统设计规范》GBJ 110—1987、《卤代烷1301灭火系统设计规范》GB 50163—1992、《二氧化碳灭火系统设计规范》GB 50193—1993转为推荐性国家标准，编号分别为：GB/T 50110—1987、GB/T 50163—1992、GB/T 50193—1993。同时废止下列工程建设标准相关强制性条文：《自动喷水灭火系统设计规范》GB 50084—2017第5.0.1、5.0.2、5.0.4、5.0.5、5.0.6、5.0.8、5.0.15（1、2、4）、6.5.1、10.3.3、12.0.1、12.0.2、12.0.3条（款）。《火灾自动报警系统设计规范》GB 50116—2013第3.1.6、3.1.7、3.4.1、3.4.4、3.4.6、4.1.1、4.1.3、4.1.4、4.1.6、4.8.1、4.8.4、4.8.5、4.8.7、4.8.12、6.5.2、6.7.1、6.7.5、6.8.2、6.8.3、10.1.1、11.2.2、11.2.5、12.1.11、12.2.3条。《建筑灭火器配置设计规范》GB 50140—2005第4.1.3、4.2.1、4.2.2、4.2.3、4.2.4、4.2.5、5.1.1、5.1.5、5.2.1、5.2.2、6.1.1、6.2.1、6.2.2、7.1.2、7.1.3条。《泡沫灭火系统技术标准》GB 50151—2021第3.2.2（2）、3.2.3、3.2.6、3.3.2（1、2、4、5）、3.7.6、4.1.2（2、3、4、5）、4.1.3、4.1.11、4.2.6（1、2）、5.1.2(1、2、3)、5.2.2（1、2、3）、7.1.3（1、2）、7.1.7、8.1.1、9.2.4、9.3.19（7）、11.0.4条（款）。《火灾自动报警系统施工及验收标准》GB 50166—2019第5.0.6条。《水喷雾灭火系统技术

规范》GB 50219—2014 第 3.1.2、3.1.3、3.2.3、4.0.2（1）、8.4.11、9.0.1 条（款）。《自动喷水灭火系统施工及验收规范》GB 50261—2017 第 3.2.7、5.2.1、5.2.2、5.2.3、6.1.1、8.0.1 条。《气体灭火系统施工及验收规范》GB 50263—2007 第 3.0.8（3）、4.2.1、4.2.4、4.3.2、5.2.2、5.2.7、5.4.6、5.5.4、6.1.5、7.1.2、8.0.3 条（款）。《固定消防炮灭火系统设计规范》GB 50338—2003 第 3.0.1、4.1.6、4.2.1、4.2.2、4.2.4、4.2.5、4.3.1（1、2、4）、4.3.3、4.3.4、4.3.6、4.4.1（1、2、4）、4.4.3、4.4.4（1、2、3）、4.4.6、4.5.1、4.5.4、5.1.1、5.1.3、5.3.1、5.4.1、5.4.4、5.6.1、5.6.2、5.7.1、5.7.3、6.1.4、6.2.4 条（款）。《干粉灭火系统设计规范》GB 50347—2004 第 1.0.5、3.1.2（1）、3.1.3、3.1.4、3.2.3、3.3.2、3.4.3、5.1.1（1）、5.2.6、5.3.1（7）、7.0.2、7.0.3、7.0.7 条（款）。《气体灭火系统设计规范》GB 50370—2005 第 3.1.4、3.1.5、3.1.15、3.1.16、3.2.7、3.2.9、3.3.1、3.3.7、3.3.16、3.4.1、3.4.3、3.5.1、3.5.5、4.1.3、4.1.4、4.1.8、4.1.10、5.0.2、5.0.4、5.0.8、6.0.1、6.0.3、6.0.4、6.0.6、6.0.7、6.0.8、6.0.10 条。《城市消防远程监控系统技术规范》GB 50440—2007 第 7.1.1 条。《建筑灭火器配置验收及检查规范》GB 50444—2008 第 2.2.1、3.1.3、3.1.5、3.2.2、4.1.1、4.2.1、4.2.2、4.2.3、4.2.4、5.3.2、5.4.1、5.4.2、5.4.3、5.4.4 条。《固定消防炮灭火系统施工与验收规范》GB 50498—2009 第 3.2.4、3.3.1、3.3.3、3.4.2、4.3.4、4.6.1（3）、4.6.2（2）、5.2.1、6.1.1、7.2.8、8.1.3、8.2.4 条（款）。《细水雾灭火系统技术规范》GB 50898—2013 第 3.3.10、3.3.13、3.4.9（1、2、3）、3.5.1、3.5.10 条（款）。《消防给水及消火栓系统技术规范》GB 50974—2014 第 4.1.5、4.1.6、4.3.4、4.3.8、4.3.9、4.3.11（1）、4.4.4、4.4.5、4.4.7、5.1.6（1、2、3）、5.1.8（1、2、3、4）、5.1.9（1、2、3）、5.1.12（1、2）、5.1.13（1、2、3、4）、5.2.4（1）、5.2.5、5.2.6（1、2）、5.3.2（1）、5.3.3（1）、5.4.1、5.4.2、5.5.9（1）、5.5.12、6.1.9（1）、6.2.5（1）、7.1.2、7.2.8、7.3.10、7.4.3、8.3.5、9.2.3、9.3.1、11.0.1（1）、11.0.2、11.0.5、11.0.7（1）、11.0.9、11.0.12、12.1.1、12.4.1（1）、13.2.1 条（款）。《建筑防烟排烟系统技术标准》GB 51251—2017 第 3.1.2、3.1.5（2、3）、3.2.1、3.2.2、3.2.3、3.3.1、3.3.7、3.3.11、3.4.1、4.4.1、4.4.2、4.4.7、4.4.10、4.5.1、4.5.2、4.6.1、5.1.2、5.1.3、5.2.2、8.1.1 条（款）。《消防应急照明和疏散指示系统技术标准》GB 51309—2018 第 3.2.4、3.3.1、3.3.2、4.1.4、4.5.11（6）、6.0.1、6.0.5 条（款）。《自动跟踪定位射流灭火系统技术标准》GB 51427—2021 第 4.2.2、4.2.8、4.8.1、4.8.2、4.8.3、5.3.5、5.4.1 条。

（2）《建筑防火通用规范》（GB 55037—2022）。本规范的主管部门为中华人民共和国住房和城乡建设部，自 2023 年 6 月 1 日起实施。本规范共分 12 章，主要内容有：总则，基本规定，建筑总平面布局，建筑平面布置与防火分隔，建筑结构防火，建筑结构防火，安全疏散与避难设施，消防设施，供暖、通风和空气调节，电气，建筑施工，使用与维护。本规范为强制性工程建设规范,全部条文必须严格执行。现行工程建设标准中有关规定与本规范不一致的,以本规范的规定为准。同时废止下列工程建设标准相关强制性条文:《建筑设计防火规范》GB 50016—2014(2018 年版)第 3.2.2、3.2.3、3.2.4、3.2.7、3.2.9、3.2.15、3.3.1、3.3.2、3.3.4、3.3.5、3.3.6(2)、3.3.8、3.3.9、3.4.1、3.4.2、3.4.4、3.4.9、3.5.1、3.5.2、3.6.2、3.6.6、3.6.8、3.6.11、3.6.12、3.7.2、3.7.3、3.7.6、3.8.2、3.8.3、3.8.7、4.1.2、4.1.3、4.2.1、4.2.2、4.2.3、4.2.5(3、4、5、6)、4.3.1、4.3.2、4.3.3、4.3.8、4.4.1、4.4.2、4.4.5、5.1.3、5.1.3A、5.1.4、5.2.2、5.2.6、5.3.1、5.3.2、5.3.4、5.3.5、5.4.2、5.4.3、5.4.4(1、2、3、4)、5.4.4B、5.4.5、5.4.6、5.4.9(1、4、5、6)、5.4.10(1、2)、5.4.11、5.4.12、5.4.13(2、3、4、5、6)、5.4.15(1、2)、5.4.17(1、2、3、4、5)、5.5.8、5.5.12、5.5.13、5.5.15、5.5.16(1)、5.5.17、5.5.18、5.5.21(1、2、3、4)、5.5.23、5.5.24、5.5.25、5.5.26、5.5.29、5.5.30、5.5.31、6.1.1、6.1.2、6.1.5、6.1.7、6.2.2、6.2.4、6.2.5、6.2.6、6.2.7、6.2.9(1、2、3)、6.3.5、6.4.1(2、3、4、5、6)、6.4.2、6.4.3(1、3、4、5、6)、6.4.4、6.4.5、6.4.10、6.4.11、6.6.2、6.7.2、6.7.4、6.7.4A、6.7.5、6.7.6、7.1.2、7.1.3、7.1.8(1、2、3)、7.2.1、7.2.2(1、2、3)、7.2.3、7.2.4、7.3.1、7.3.2、7.3.5(2、3、4)、7.3.6、8.1.2、8.1.3、8.1.6、8.1.7(1、3、4)、8.1.8、8.2.1、8.3.1、8.3.2、8.3.3、8.3.4、8.3.5、8.3.7、8.3.8、8.3.9、8.3.10、8.4.1、8.4.3、8.5.1、8.5.2、8.5.3、8.5.4、9.1.2、9.1.3、9.1.4、9.2.2、9.2.3、9.3.2、9.3.5、9.3.8、9.3.9、9.3.11、9.3.16、10.1.1、10.1.2、10.1.5、10.1.6、10.1.8、10.1.10(1、2)、10.2.1、10.2.4、10.3.1、10.3.2、10.3.3、11.0.3、11.0.4、11.0.7(2、3、4)、11.0.9、11.0.10、12.1.3、12.1.4、12.3.1、12.5.1、12.5.4 条(款)。《农村防火规范》GB 50039—2010 第 1.0.4、3.0.2、3.0.4、3.0.9、3.0.13、5.0.5、5.0.11、5.0.13、6.1.12、6.2.1(2)、6.2.2(3)、6.3.2(1、4)、6.4.1、6.4.2、6.4.3 条(款)。《汽车库、修车库、停车场设计防火规范》GB 50067—2014 第 3.0.2、3.0.3、4.1.3、4.2.1、4.2.4、4.2.5、4.3.1、5.1.1、5.1.3、5.1.4、5.1.5、5.2.1、5.3.1、5.3.2、6.0.1、6.0.3、6.0.6、6.0.9、7.1.4、7.1.5、7.1.8、7.1.15、7.2.1、8.2.1、9.0.7 条。《人民防空工程设计防火规范》GB 50098—2009 第 3.1.2、3.1.6(1、2)、3.1.10、4.1.1(5)、4.1.6、4.3.3、4.3.4、4.4.2(1、2、4、5)、5.2.1、6.1.1、6.4.1、6.5.2、7.2.6、7.8.1、8.1.2、8.1.5(1、2)、8.1.6、8.2.6 条(款)。《石油化工企业设计防火标准》GB 50160—2008(2018 年版)第 4.1.6、4.1.8、4.1.9、4.2.12、4.4.6、5.1.3、5.2.1、5.2.7、5.2.16、5.2.18(2、3、5)、5.3.3(1、2)、5.3.4、5.5.1、5.5.2、5.5.12、5.5.13、5.5.14、5.5.17、5.5.21(1、2)、5.6.1、6.2.6(1、2、3、4)、6.2.8、6.3.2(1、2、4)、6.3.3、6.4.1(2、3)、6.4.2(6)、6.4.3(1、2)、6.4.4(1)、6.5.1(2)、6.6.3、6.6.5、7.1.4、7.2.2、7.2.16、7.3.3、8.3.1、8.3.8、8.4.5(1)、8.7.2(1、2)、8.10.1、8.10.4(1、2、3)、8.12.1、8.12.2

（1）、9.1.4、9.2.3（1）、9.3.1条（款）。《石油天然气工程设计防火规范》GB 50183—2004第3.1.1（1、2、3）、3.2.2、3.2.3、4.0.4、5.1.8（4）、5.2.1、5.2.2、5.2.3、5.2.4、5.3.1、6.1.1、6.4.1、6.4.8、6.5.7、6.5.8、6.7.1、6.8.7、7.3.2、7.3.3、8.3.1、8.4.2、8.4.3、8.4.5、8.4.6、8.4.7、8.4.8、8.5.4、8.5.6、8.6.1、9.1.1、9.2.2、9.2.3、10.2.2条（款）。《建筑内部装修设计防火规范》GB 50222—2017第4.0.1、4.0.2、4.0.3、4.0.4、4.0.5、4.0.6、4.0.8、4.0.9、4.0.10、4.0.11、4.0.12、4.0.13、4.0.14、5.1.1、5.2.1、5.3.1、6.0.1、6.0.5条。《火力发电厂与变电站设计防火标准》GB 50229—2019第3.0.1、3.0.9、4.0.15、5.1.1、5.1.2、5.1.3、5.2.5、5.3.7、6.2.4、6.4.8、6.4.17、6.5.2（1、2、3、4、9）、6.7.3、6.7.6、6.8.4、6.8.7、6.8.8、6.8.11、6.8.12、7.1.4、7.3.1、7.5.3、7.6.4、7.13.7、8.1.2、9.1.1、9.1.2、9.1.4、9.1.5、9.2.1、10.1.1、10.2.1、10.2.2、10.5.3、11.1.1、11.1.5、11.1.7、11.2.8、11.2.9、11.5.11、11.5.17、11.6.1、11.6.2、11.7.1（1、2、3、4）条（款）。《消防通信指挥系统设计规范》GB 50313—2013第4.1.1（1、2、3、5）、4.2.1（1、2、3）、4.2.2（1）、4.3.1（1、5、6、7）、4.4.3（1、2、4、5）、5.11.1（1）、5.11.2（3、4）条（款）。《飞机库设计防火规范》GB 50284—2008第3.0.2、3.0.3、4.1.4、4.2.2、4.3.1、5.0.1、5.0.2、5.0.5、5.0.8、9.1.1、9.1.2、9.2.1、9.2.2、9.2.3、9.3.1、9.3.4（1、2）、9.3.6、9.4.2、9.4.3、9.5.4条（款）。《储罐区防火堤设计规范》GB 50351—2014第3.1.2、3.1.7条。《建筑内部装修防火施工及验收规范》GB 50354—2005第2.0.4、2.0.5、2.0.6、2.0.7、2.0.8、3.0.4、4.0.4、5.0.4、6.0.4、7.0.4、8.0.2、8.0.6条。《煤矿井下消防、洒水设计规范》GB 50383—2016第3.1.1、3.1.2（2、4、5）、4.2.3（1）、4.2.4、5.1.3、5.2.1、5.2.2（1、2、3）、5.2.3、5.2.6、5.4.1、5.4.3、6.1.1、6.3.1、9.1.1（3）、9.3.2、10.0.9条（款）。《消防通信指挥系统施工及验收规范》GB 50401—2007第4.1.1、4.7.2条。《钢铁冶金企业设计防火标准》GB 50414—2018第4.3.3、4.3.4、5.2.1、5.3.1、6.1.6、6.4.1（3）、6.7.3、6.7.6、6.10.3、6.13.1、9.0.5、10.5.4条（款）。《纺织工程设计防火规范》GB 50565—2010第4.1.4、4.1.7、4.2.10、5.1.3、5.1.4、5.1.5、5.1.6、5.1.8、5.2.1、5.2.2、5.2.5、5.2.9、5.2.12、5.4.2、6.1.1、6.2.2、6.4.1、6.5.2、6.6.2（1）、7.3.1、7.4.1、7.4.3（2）、7.5.1（1、3、4）、7.5.2、7.5.3、8.0.3、9.1.1（1）、9.2.3、9.2.4、9.2.10（1）、9.2.13、10.1.3（1、2）、10.1.4、10.1.6（2、3）、10.1.7、10.1.8、10.2.1条（款）。《有色金属工程设计防火规范》GB 50630—2010第4.2.3(2)、4.5.5(7、9、11)、4.5.6(1、2)、4.6.5(1、2、3)、4.6.6(3、5)、4.8.7、5.3.1、5.3.4(2)、6.2.2、8.4.2、10.3.6、10.4.3条(款)。《酒厂设计防火规范》GB 50694—2011第3.0.1、4.1.4、4.1.5、4.1.6、4.1.9、4.1.11、4.2.1、4.2.2、4.3.3、5.0.1、5.0.11、6.1.1、6.1.2、6.1.3、6.1.4、6.1.6、6.1.8、6.1.11、6.2.1、6.2.2、6.2.3、7.1.1、7.3.3、8.0.1、8.0.2、8.0.5、8.0.6、8.0.7、9.1.3、9.1.5、9.1.7、9.1.8条。《建设工程施工现场消防安全技术规范》

GB 50720—2011第3.2.1、4.2.1（1）、4.2.2（1）、4.3.3、5.1.4、5.3.5、5.3.6、5.3.9、6.2.1、6.2.3、6.3.1（3、5、9）、6.3.3（1）条（款）。《核电厂常规岛设计防火规范》GB 50745—2012第3.0.1、5.1.1、5.1.5、5.3.2、6.3.2、7.1.2、7.2.1、7.3.3、7.5.5、8.1.1、8.1.6、8.2.15、8.4.4条。《水电工程设计防火规范》GB 50872—2014第3.0.3、5.1.2、5.1.3、5.2.1、6.1.2、6.4.1、7.0.4、8.0.3、8.0.5、9.0.7、10.0.9、11.2.2、11.2.5、11.3.1、11.3.2、12.1.1、12.1.3、12.1.10、12.1.11、12.2.1、12.2.2、12.3.1、12.3.2（1）、13.1.1、13.1.2、13.2.1条（款）。《防火卷帘、防火门、防火窗施工及验收规范》GB 50877—2014第3.0.7、4.1.1、4.2.1、4.3.1、4.4.1、5.1.2、5.2.9、7.1.1条。《水利工程设计防火规范》GB 50987—2014第4.1.1、4.1.2、6.1.3、6.1.4、10.1.2条。《城市消防站设计规范》GB 51054—2014第3.0.9、4.1.7、4.2.2、4.2.8、4.2.9（8、9）、4.15.2、5.1.10（3、6）、6.5.4条（款）。《煤炭矿井设计防火规范》GB 51078—2015第3.1.1、3.1.3、3.1.4（1、2）、3.2.1（2）、3.2.4（2）、3.3.3（3）、4.1.2（1）、4.3.1（1、2）、5.2.1条（款）。《城市消防规划规范》GB 51080—2015第4.1.5条。《民用机场航站楼设计防火规范》GB 51236—2017第3.2.1、3.3.9、3.3.10、3.4.1、3.4.8、3.5.5、3.5.6、3.5.7条。《建筑钢结构防火技术规范》GB 51249—2017第3.1.1、3.1.2、3.1.3、3.2.1条。《精细化工企业工程设计防火标准》GB 51283—2020第4.1.5、4.2.9、4.3.2、4.3.3、5.1.6、5.3.3（1、2）、5.5.1、5.5.2、6.4.1（1）、6.4.2（1）、7.1.4、7.2.2、7.3.4（1、2、3）、8.1.2、10.1.1、10.2.5条（款）。《地铁设计防火标准》GB 51298—2018第4.1.1、4.1.4、4.1.5、5.1.1、5.1.4、5.1.11、5.4.2、5.4.3、5.5.5、8.4.7、9.5.4、11.1.1、11.1.5条。《灾区过渡安置点防火标准》GB 51324—2019第3.0.2、4.1.2、5.1.3、5.2.4、5.2.5、5.2.9、5.3.1、5.3.6、5.3.7条。《煤化工工程设计防火标准》GB 51428—2021第4.1.5、4.1.6、4.2.5、5.1.1、6.3.8、7.1.6、7.2.2、7.2.3、7.2.18、8.0.1、8.0.6、8.0.7、8.0.8、9.7.1、10.1.3、10.2.3、10.3.5（5）条（款）。

（3）《建筑设计防火规范》（2018年版）（GB 50016—2014）。本规范是由公安部天津消防研究所、四川消防研究所会同有关单位，在《建筑设计防火规范》（GB 50016—2006）和《高层民用建筑设计防火规范》（GB 50045—1995（2005年版））的基础上，经整合修订而成《建筑设计防火规范》（GB 50016—2014）版，在此基础上局部修订，2018年10月1日起实施。本规范共分12章3个附录，主要内容有生产和储存的火灾危险性分类，高层公共建筑的分类要求，厂房、仓库、住宅建筑和公共建筑等工业与民用建筑的建筑耐火等级分级及其建筑构件的耐火极限，平面布置，防火分区与防火分隔、建筑防火构造、防火间距和消防设施设置的基本要求，工业建筑防爆的基本措施与要求；工业与民用建筑的疏散距离、疏散宽度、疏散楼梯设置形式、应急照明和疏散指示标志以及安全出口和疏散门设置的基本要求；甲、乙、丙类液体、气体储罐（区）和可燃材料堆场的防火间距、成组布置和储量的基本要求；木结构建筑和城市交通隧道工程防火设计的基本要求；以及各类建筑为满足灭火救援要求需设置救援场地、消防车道、消防电梯等设施的基本要求；建筑供暖、通风和空气调节和预防电气火灾的线路等方面的防火要求和消防用电设备的电源与配电线路等基本要求；修订版完善了老年人照料设施建筑设计的基本防火技术要求。

（4）《农村防火规范》（GB 50039—2010）。本规范由山西省公安消防总队会同中国建筑设计研究院、公安部天津消防研究所、太原理工大学建筑设计研究院、贵州省公安消防总队、江苏省公安消防总队、黑龙江省公安消防总队等单位对国家标准《村镇建筑设计防火规范》（GBJ 39—1990）进行了全面修订。依据国家有关法律、法规、技术规范和标准，总结了我国农村防火工作经验、消防科学技术研究成果和农村火灾事故教训，结合农村消防工作实际和经济发展现状，对农村消防规划、建筑耐火等级、火灾危险源控制、消防设施、合用场所消防安全技术要求、消防常识宣传教育的主要内容等作出了规定，是指导农村防火的综合性技术规范，在广泛征求了有关科研、设计、生产、消防监督、高等院校等部门和单位的意见后，经有关部门和专家共同审查定稿。本规范共分 6 章和 2 个附录，其主要内容为：总则，术语，规划布局，建筑物，消费税也是，火灾危险源控制等。本规范适用于农村消防规划，农村新建，扩建和改建建筑的防火设计，农村既有建筑的防火改造和农村消防安全管理。

（5）《汽车库、修车库、停车场设计防火规范》（GB 50067—2014）。本规范的主编部门为中华人民共和国公安部，批准部门为中华人民共和国建设部，由上海市公安消防总队会同有关单位共同对原国家标准《汽车库、修车库、停车场设计防火规范》（GB 50067—1997）进行修订的基础上编制而成，实施日期为 2015 年 8 月 1 日。本规范共分 9 章 1 个附录，主要内容有总则，术语，分类和耐火等级，总平面布局和平面布置，防火分隔和建筑构造，安全疏散和救援设施，消防给水和灭火设施，供暖、通风和排烟，电气等，适用于新建、扩建和改建的汽车库、修车库、停车场（以下统称车库）防火设计，不适用于消防站的车库防火设计。车库的防火设计，必须从全局出发，做到安全适用、技术先进、经济合理。车库的防火设计，除执行本规范的规定外，尚应符合国家现行的有关设计标准和规范的要求。

（6）《人民防空工程设计防火规范》（GB 50098—2009）本规范的主编部门为国家人民防空办公室和中华人民共和国公安部，批准部门为中华人民共和国建设部，由总参工程兵第四设计研究院会同有关单位对《人民防空工程设计防火规范》（GB 50098—1998）进行全面修订编制而成。实施日期为 2009 年 10 月 1 日。本规范共分 8 章，主要内容有总则，术语，总平面布局和平面布置，防火、防烟分区和建筑构造，安全疏散，防烟、排烟和通风空气调节，消防给水、排水和灭火设备，电气等。本标准适用于新建、扩建和改建供下列平时使用的人民防空工程：商场、医院、旅馆、餐厅、展览厅、公共娱乐场所、小型体育场所和其他适用的民用场所等；按火灾危险性分类属于丙、丁、戊类的生产车间和物品库房等。人民防空工程的防火设计，除执行本规范的规定外，尚应符合国家现行的有关强制性标准的规定。

（7）《石油化工企业设计防火标准》（2018年版）（GB 50160—2008）。本标准的主编部门为中国石油化工集团公司，批准部门为中华人民共和国住房和城乡建设部，是在《石油化工企业设计防火规范》（GB 50160—1992）的基础上修编而成，发布日期为2018年12月18日，自2019年4月1日起实施。本标准共分9章和1个附录，其主要内容有总则，火灾危险性分类，区域规划与工厂总体布置，工艺装置和系统单元，储运设施，管道布置，消防，电气等，本规范适用于石油化工企业新建、扩建或改建工程的防火设计。石油化工企业的防火设计除应执行本规范外，尚应符合国家现行的有关标准的规定。本标准适用于新建、扩建或改建的以石油、天然气及其产品为原料的石油化工工程的防火设计。

（8）《石油天然气工程设计防火规范》（GB 50183—2015）。本规范的主编部门为中华人民共和国住房和城乡建设部，会同国家能源局、应急管理部组织中国石油天然气股份有限公司规划总院等单位起草了国家标准《石油天然气工程设计防火规范（征求意见稿）》，自2016年3月1日起实施。本规范共10章和2个附录，主要技术内容是：总则、术语、基本规定、区域布置、石油天然气站场及线路截断阀室总平面布置、石油天然气站场生产设施、油气田集输管道、消防设施、电气、液化天然气站场等。本规范由住房和城乡建设部负责管理和对强制性条文的解释，由石油工程建设专业标准化委员会负责日常管理工作，由中国石油天然气股份有限公司规划总院负责具体技术内容的解释。

（9）《建筑内部装修防火规范》（GB 50222—2017）。本规范的主编单位为中华人民共和国住房和城乡建设部，自2018年4月1日起实施。作为我国第一部统一的建筑内部装修设计防火技术法规，统一规范了建筑装修设计、施工、材料生产和消防监督等各部门的技术行为。本规范共分6章，主要内容包括总则、术语、装修材料的分类和分级、特别场所、民用建筑、厂房仓库。本规范适用于工业和民用建筑的内部装修防火设计，不适用于古建筑和木结构建筑的内部装修防火设计。1999年和2001年先后2次进行修订。本规范规定的建筑内部装修设计，在民用建筑中包括顶棚、墙面、地面、隔断的装修，以及固定家具、窗帘、帷幕、床罩、家具包布、固定饰物等；在工业厂房中包括顶棚、墙面、地面和隔断的装修。建筑内部装修设计，除执行本规范的规定外，尚应符合现行的有关国家标准、规范的规定。

（10）《消防通信指挥系统设计规范》（GB 50313—2013）。本规范是由公安部沈阳消防研究所会同有关单位在原《消防通信指挥系统设计规范》（GB 50313—2000）的基础上修订而成的。规范共分 8 章，主要技术内容包括总则、术语、系统技术构成、系统功能与主要性能要求、子系统功能及其设计要求、系统的基础环境要求、系统通用设备和软件要求、系统设备配置要求等。消防通信指挥系统的设计，除应符合本规范外，尚应符合国家现行的有关强制性标准的规定。

（11）《飞机库设计防火规范》（GB 50284—2008）。本规范由中国航空工业规划设计研究院会同公安部消防局及有关单位对《飞机库设计防火规范》（GB 50284—1997）共同编制而成，实施日期为 2009 年 7 月 1 日，适用于新建、扩建和改建的飞机库防火设计。本规范共 9 章，主要内容包括总则、术语、防火分区和耐火等级、总平面布局和平面布置、建筑构造、安全疏散、采暖和通风、电气、消防给水和灭火设施等。根据飞机库的火灾是炷类火和飞机贵重的特点，按飞机库停放和维修区的面积将飞机库划分为三类，有区别地采取不同的灭火措施。飞机库的防火设计，必须遵循"预防为主、防消结合"的消防工作方针。针对飞机库发生火灾的特点，采取可靠的消防措施，做到安全适用、技术先进、经济合理、确保质量。飞机库的防火设计，除应符合本规范外，尚应符合国家现行的有关强制性标准的规定。

（12）《储罐区防火堤设计规范》（GB 50351—2014）。本规范是由中华人民共和国住房和城乡建设部会同中国石油天然气管道工程有限公司共同编制而成，2014 年 12 月 1 日实施。本规范共分五章和两个附录，主要内容包括总则、术语、防火堤和防护墙的布置、选型与构造、强度计算及稳定性验算等方面的内容。在编制过程中进行了大量、全面的实地调研与考察，总结了我国多年来的技术发展与实践经验，充分征求了各方面的意见和建议，对内容、结构进行了严谨的编排与审定，对防火堤及隔堤进行了严格的定义和作用阐述；对罐组的总容量、防火堤的高度、防火堤及隔堤的选材、构造及结构设计等进行了详细的规定。本规范由住建部负责管理和对强制性条文的解释，由油气田及管道建设设计专业标准化委员会负责日常管理工作，由中国石油天然气管道工程有限公司负责技术内容的解释。

（13）《建筑内部装修防火施工及验收规范》（GB 50354—2005）。本规范的主编部门为中国建筑科学研究院，批准部门为中华人民共和国住建部，由住建部和国家市场监督管理总局联合颁布，实施日期为 2005 年 8 月 1 日。本规范共分 8 章和 4 个附录，主要内容包括总则、基本规定、纺织织物子分部装修工程、木质材料子分部装修工程、高分子合成材料子分部装修工程、复合材料子分部装修工程、其他材料子分部装修工程、工程质量验收等。本规范对建筑内部装修防火材料进行见证取样检验作出了明确规定，适用于工业与民用建筑内部装修工程的防火施工与验收，不适用于古建筑和木结构的内部装修工程的防火施工与验收。

（14）《煤矿井下消防、洒水设计规范》（GB 50383—2016）。本规范是由中华人民共和国住房和城乡建设部会同国家质量监督检验检疫总局共同编制而成，2016年8月1日实施。本规范共分11章和6个附录。主要技术内容包括：总则、术语、符号、水量、水压、水质、水源及水处理、给水系统，用水点装置、水力计算、管道、加压水泵、监测和自控、节能等。本规范总结了我国煤矿井下消防、洒水工程技术发展成果，提高了井下用水的水质标准及使用再生水所要求的条件，扩大了管材的选择范围，新增系统功能的扩展及节能方面的要求。

（15）《消防通信指挥系统施工及验收规范》（GB 50401—2007）。本规范是由公安部沈阳消防研究所会同有关单位共同编制。本规范在编制过程中，总结了我国消防通信指挥系统建设及施工验收方面的实践经验，参考了国内外有关标准规范，吸取了先进的科研成果，广泛征求了全国有关单位和专家的意见，最后经专家和有关部门审查定稿。本规范共分5章9个附录，主要内容包括总则，施工前准备，系统施工，系统验收，系统使用和维护等。

（16）《钢铁冶金企业设计防火标准》（GB 50414—2018）。本标准是由中华人民共和国住房和城乡建设部会同国家市场监督管理总局共同编制，2019年4月1日实施。本标准共分12章2个附录，主要内容包括总则，术语，火灾危险性分类、耐火等级及防火分区，总平面布置，安全疏散和建筑构造，工艺系统，火灾自动报警系统，消防给水和灭火设施，采暖、通风、空气调节和防烟排烟，电气等。本标准适用于钢铁冶金企业新建、扩建和改建工程的防火设计，不适用于钢铁冶金企业内加工、储存、分发、使用炸药或爆破器材的场所。本标准覆盖了钢铁冶金企业的采矿、选矿、综合原料场、焦化、耐火、石灰、烧结、球团、炼铁、炼钢、铁合金、热轧及热加工、冷轧及冷加工、金属加工与检化验等生产工艺过程。

（17）《纺织工程设计防火规范》（GB 50565—2010）。本规范是由中华人民共和国住房和城乡建设部会同国家质量监督检验检疫总局共同编制而成，2010年12月1日实施。本规范共分10章3个附录，主要内容包括总则，术语，火灾危险性分类、总体规划和工厂总平面布置，生产和储存设施，建筑和结构，消防给水排水和灭火设施，防烟和排烟，采暖通风和空气调节，电气等。

（18）《有色金属工程设计防火规范》（GB 50630—2010）。本规范是由中国恩菲工程技术有限公司（原中国有色工程设计研究总院）会同相关设计研究院、有色金属企业和公安消防部门、院校等11家单位共同编制完成，遵照国家基本建设的原则要求和"预防为主、防消结合"的消防方针，总结我国有色金属行业工程建设防火设计成熟经验和深刻教训，借鉴钢铁、化工、电力等相关行业的成果，吸纳国际消防标准和先进成果，并在广泛征求意见的基础上，制定本规范，自2011年10月1日起实施。本规范共分10章和1个附录，内容有：总则，术语，火灾危险性分类，耐火等级及防火分区，生产工艺的基本防火要求，总平面设计，安全疏散和建筑构造，消防给水、排水和灭火设施，采暖、通风、除尘和空气调节，火灾自动报警系统，电气以及附录A。本规范适用于有色金属工业新建、扩建和改建工程的防火设计，不适用于有色金属工程中加工、存储、使用炸药或爆破器材项目的防火设计。

（19）《酒厂设计防火规范》（GB 50694—2011）。本规范是由四川省公安消防总队会同有关单位共同编制而成，总结了酒厂的防火设计实践经验和火灾教训，吸取了先进的科研成果，开展了必要的专题研究和试验论证，广泛征求了有关科研、设计、生产、消防监督等部门和单位的意见，对主要问题进行了反复修改，最后经审查定稿，2012年6月1日实施。本规范共分9章，主要内容包括总则，术语，火灾危险性分类、耐火等级和防火分区，总平面布局和平面布置，生产工艺防火防爆，储存，消防给水、灭火设施和排水，采暖、通风、空气调节和排烟，电气等。

（20）《建筑工程施工现场消防安全技术规范》（GB 50720—2011）。本规范是由中国建筑第五工程局有限公司和中国建筑股份有限公司会同有关部门共同编制而成，依据国家有关法律、法规和技术标准，认真总结我国建设工程施工现场消防工作经验和火灾事故教训，充分考虑建设工程施工现场消防工作的实际需要，广泛听取有关部门和专家意见，最终经审查定稿，2011年8月1日实施。本规范共分6章，主要内容包括总则，术语，总平面布局，建筑防火，临时消防设施，防火管理等。本规范适用于新建、改建和扩建等各类建设工程施工现场的防火。

（21）《核电厂常规岛设计防火规范》（GB 50745—2012）。本规范是由国家能源局会同有关部门共同编制而成，依据国家有关法律、法规和技术标准，认真总结核电厂常规岛设计防火工作经验和火灾事故教训，广泛听取有关部门和专家意见，最终经审查定稿，2012年5月1日实施。本规范共分8章，主要内容包括总则，术语，总平面布局，建构筑物的防火分区，消防给水、灭火设施及火灾自动报警系统，采暖、通风和空气调节；消防供电及照明等。本规范适用于核电厂常规岛设计。

（22）《水电工程设计防火规范》（GB 50872—2014）。本规范是由中国建筑股份有限公司会同有关部门共同编制而成，依据国家有关法律、法规和技术标准，认真总结我国水电建设工程施工现场消防工作经验和火灾事故教训，充分考虑建设工程施工现场消防工作的实际需要，广泛听取有关部门和专家意见，最终经审查定稿，2014 年 5 月 1 日实施。本规范共分 13 章，主要内容包括总则，术语，总平面布局，建筑防火，临时消防设施，防火管理等。本规范适用于新建、改建和扩建等各类水利建设工程施工现场的防火。

（23）《防火卷帘、防火门、防火窗施工及验收规范》（GB 50877—2014）。本规范是由辽宁省公安消防总队、公安部天津消防研究所会同有关单位共同编制而成，依据国家有关法律、法规和技术标准，遵照国家有关基本建设方针和"预防为主、防消结合"的消防工作方针，深入调研防火卷帘、防火门、防火窗的生产、设计、施工及运行现状，认真总结丁平里应用实践经验，积极吸纳消防科技成果，并广泛征求有关科研、生产及消防监督等方面意见，最终报住房和城乡建设部审查定稿，2014 年 8 月 1 日实施。本规范共分 8 章和 5 个附录，主要内容包括总则，术语，基本规定，进场检验，安装，功能调试，验收，使用与维护等。

（24）《水利工程设计防火规范》（GB 50987—2014）。本规范是由中国建筑股份有限公司会同有关部门共同编制而成，依据国家有关法律、法规和技术标准，认真总结我国水利建设工程施工现场消防工作经验和火灾事故教训，充分考虑水利建设工程施工现场消防工作的实际需要，广泛听取有关部门和专家意见，最终经审查定稿，2014 年 5 月 1 日实施。本规范共分 10 章，主要内容包括总则，术语，总平面布局，建筑防火，临时消防设施，防火管理等。本规范适用于新建、改建和扩建等各类水利建设工程施工现场的防火。

（25）《城市消防站建设标准》（建标 152—2017）。本标准由公安部消防局会同有关部门组织修订会审，严格遵循国家基本建设和消防工作的有关方针、政策，根据我国当前消防工作任务和消防站的实际需要，进行了国内外消防站建设经验，充分论证了有关技术指标，经广泛征求有关部门、专家的意见，会同有关部门审查定稿，并经住房和城乡建设部、国家发展和改革委员会批准发布，自 2017 年 9 月 1 日实施。本建设标准共分 6 章和 2 个附录，包括总则，建设规模与项目构成，规划布局与选址，面积指标，装备配备，主要投资估算指标等。本建设标准适用于城市新建和改、扩建的消防站项目，其他消防站的建设可参照执行。对有特殊功能要求的消防站建设，可单独报批。

（26）《煤炭矿井设计防火规范》（GB 51078—2015）。本规范是由国家矿山安全监察局会同有关部门共同编制而成，依据国家有关法律、法规和技术标准，认真总结我国矿山建设工程施工现场消防工作经验和火灾事故教训，充分考虑矿山建设工程施工现场消防工作的实际需要，广泛听取有关部门和专家意见，最终经审查定稿，2015 年 8 月 1 日实施。本规范共分 8 章，主要内容包括总则，一般规定，井下火灾监测监控，防火技术，应急处置，井下火区管理，露天煤矿防灭火，附则等。

（27）《城市消防规划规范》（GB 51080—2015）。本规范的主编部门为中华人民共和国公安部，批准部门为中华人民共和国住建部，实施日期为2015年8月1日。本规范适用于城市总体规划中的消防规划和城市消防专项规划。城市消防规划应执行"预防为主、防消结合"的消防工作方针，遵循科学合理、经济适用适度超前的规划原则。编制城市消防规划，应结合当地实际对城市火灾风险、消防安全状况进行分析评估，按适应城市经济社会发展、满足火灾防控和灭火应急救援的实际需要，合理确定城市消防安全部局，优化配置公共消防设施和消防装备，并应制定管制和实施措施。

（28）《民用机场航站楼设计防火规范》（GB 51236—2017）。本规范由中国民航机场建设集团公司会同有关单位共同编制而成，依据国家有关法律、法规和技术标准，经广泛调查研究，认真总结实践经验，参考有关国际标准和国外先进标准，并在广泛征求意见的基础上，编制了本规定，实施日期为2018年1月1日。本规范共分5章，主要内容包括总则，术语，建筑，消防设施，供暖、通风、空气调节和电气等。本规范适用于新建、扩建和改建民用机场（含军民合用机场的民用部分）航站楼的防火设计。

（29）《建筑钢结构防火技术规范》（GB 51249—2017）。本规范是由同济大学、中国钢结构协会防火与防腐分会会同公安部四川消防研究所、公安部天津消防研究所、公安部上海消防研究所等18家单位共同编制而成，依据国家有关法律、法规和技术标准，在我国锡通科学研究和大量工程实践的基础上，参考国外现行钢结构防火标准，经广泛征求相关单位的意见后完成编制的，自2018年4月1日起实施。本规范共分9章和7个附录，主要技术内容是：总则，术语和符号，基本规定，防火保护措施与构造，材料特性，钢结构的温度计算，钢结构耐火验算与防火保护设计，组合结构耐火验算与防火保护设计，防火保护工程的施工与验收等。本规范适用于工业与民用建筑中的钢结构以及钢管混凝土柱、压型钢板—混凝土组合楼板，钢与混凝土组合梁等组合结构的防火设计及防火保护的施工与验收。不适用于内置型钢混凝土组合结构。

（30）《精细化工企业工程设计防火标准》（GB 51283—2020）。本标准是由上海华谊工程有限公司、上海市公安消防总队会同有关单位共同编制而成，依据国家有关法律、法规和技术标准，对国内一些（精细）化工（园）区的生产企业进行了深入的调查研究，总结了我国精细化工企业工程防火设计的实践经验，吸收了国内外相关工程建设标准、规范的成果，并在广泛征求意见的基础上，通过反复讨论、修改和完善，最终经审查定稿。本标准共分10章，主要内容包括总则，术语，火灾危险性分类，厂址选择与工厂总平面布置，工艺系统及生产设施，仓储设施，管道布置，厂房（仓库）建筑防火，消防设施，供暖通风与空气调节和电气等。

（31）《地铁设计防火标准》（GB 51298—2018）。本标准由上海市隧道工程轨道交通设计研究院、公安部天津消防研究所会同国内地铁设计、科研、建设、运营以及市消防监督等 10 家单位共同编制，遵循国家有关基本建设方针政策，贯彻"预防为主、防消结合"的消防工作方针，在总结国内已建成通车地铁线的消防实践经验和教训的基础上，广泛征求了有关地铁设计、建设、运营、科研院校、消防监督等方面的意见，借鉴国外有关规范标准，最后经审查定稿，实施日期为 2018 年 12 月 1 日。本标准共分 11 章，主要内容包括：总则，术语，总平面布局，建筑的耐火等级与防火分隔，安全疏散，建筑构造，消防给水与灭火设施，防烟与排烟，火灾自动报警，消防通信和消防配电与应急照明。本标准适用于新建、扩建地铁和轻轨交通工程的防火设计。

（32）《灾区过渡安置点防火标准》（GB 51324—2019）。本标准由四川省公安消防总队会同有关单位编制而成，依据国家有关法律、法规和技术标准，总结了汶川地震、玉树地震、舟曲泥石流、芦山地震、鲁甸地震、阜宁龙卷风、九寨沟地震等灾区以及其他自然灾害灾区过渡安置点的建设，消防安全管理实践经验和火灾教训，开展了必要的专题研究，全尺寸火灾试验和计算机火灾动态仿真模拟，广泛征求了有关科研、设计、高校、消防监督等部门和单位的意见，并对主要问题进行了反复修改，最后经审查定稿，实施日期为 2019 年 9 月 1 日。本标准共分 5 张和 1 个附录，主要内容有：总则，术语，灾害应急避难场所，临时聚居点，防火、灭火及装备等。本标准适用于自然灾害过渡安置点的防火设计、火灾预防、消防站及灭火救援装备配置。

（33）《煤化工工程设计防火标准》（GB 51428—2021）。本标准的主编部门为应急管理部消防救援局，由天津消防研究所和内蒙古自治区消防救援总队会同有关单位共同编制而成，批准部门为中华人民共和国住房和城乡建设部，实施日期为 2021 年 10 月 1 日。本标准共分 10 章及 2 个附录，含 17 条强制性条文。该标准以煤化工工程实践经验和相关科研成果为依据，在借鉴国内外先进标准技术内容并吸取近年来相关火灾事故教训的基础上，从煤化工产业的发展需求出发，提出了煤储运系统、煤粉制备系统、煤气化装置、煤直接液化和间接液化装置、甲醇装置、甲醇制烯烃装置、烯烃分离装置、二甲醚装置、草酸甲酯加氢装置、甲烷化装置、成和氨装置、中间产品及成品储运系统等物质和装置（单元）的火灾危险性分类，从区域规划和总平面布置、建筑、生产装置（单元）工艺设备、储运设施、管道、消防给排水、电气等专业，做出了较为系统和全面的防火规定。该标准的发布实施填补了煤化工工程标准体系空白，使煤化工工程在防火设计、建设施工、消防审核和验收、消防监督检查等方面做到有据可依、有章可循，将为我国煤化工工程建设、安全生产和可持续发展提供重要的安全技术保障。

（34）《自动喷水灭火系统设计规范》（GB 50084—2017）。本规范由公安部天津消防科学研究所会同北京市消防局等相关单位共同修订完成。本规范主编部门为中华人民共和国公安部，批准部门为中华人民共和国住房和城乡建设部，实施日期为2018年1月1日。本规范共分12章4个附录，主要内容有总则，术语，符号，设置场所火灾危险等级，系统基本要求，设计基本参数，系统组件，喷头布置，管道，水力计算，供水，操作与控制，局部应用系统等，适用于新建、扩建、改建的民用与工业建筑中自动喷水灭火系统的设计，不适用于火药、炸药、弹药、火工品工厂、核电站及飞机库等特殊功能建筑中自动喷水灭火系统的设计。当设置自动喷水灭火系统的建筑或建筑内场所变更用途时，应校核原有系统的适用性。当不适应时，应按本规范重新设计。自动喷水灭火系统的设计，除执行本规范的规定外，尚应符合现行的有关国家标准、规范的规定。

（35）《自动喷水灭火系统施工及验收规范》（GB 50261—2017）。本规范由公安部四川消防科学研究所会同四川省公安消防总队等相关单位在《自动喷水灭火系统施工及验收规范 GB 50261—2005）的基础上修订而成。本规范的主编部门为中华人民共和国公安部，批准部门为中华人民共和国住房和建设部，实施日期为2018年1月1日。本规范适用于建筑物、构筑物设置的自动喷水灭火系统的施工、验收及维护管理。自动喷水灭火系统的施工、验收及维护管理，除执行本规范的规定外，尚应符合国家现行的有关标准、规范的规定。

（36）《水喷雾灭火系统技术规范》（GB 50219—2014）。本标准由公安部天津消防研究所会同有关单位在《水喷雾灭火系统设计规范》（GB 50219—1995）的基础上编制而成，主编部门为中华人民共和国公安部，批准部门为中华人民共和国住房和城乡建设部，实施日期为2015年8月1日。本规范共分10章7个附录，主要内容总则，术语和符号，基本设计参数和喷头布置，系统组件，给水，操作与控制，水力计算，施工，验收，维护管理等。本规范适用于新建、扩建、改建工程中生产、储存装置或装卸设施设置的水喷雾灭火系统的设计，不适用于运输工具或移动式水喷雾灭火装置的设计。水喷雾灭火系统可用于扑救固体火灾、闪点高于60℃的液体火灾和电气火灾，并可用于可燃气体和甲、乙、丙类液体的生产、储存装置或装卸设施的防护冷却。水喷雾灭火系统不得用于扑救遇水发生化学反应造成燃烧、爆炸的火灾，以及水雾对保护对象造成严重破坏的火灾。水喷雾灭火系统的设计，除执行本规范的规定外，尚应符合国家现行有关标准、规范的规定。

（37）《火灾自动报警系统设计规范》（GB 50116—2013）。本规范是由公安部沈阳消防研究所会同有关单位对原国家标准《火灾自动报警系统设计规范》（GB 50116—1998）进行全面修订的基础上编制而成。本规范的主编部门为中华人民共和国公安部，批准部门为中华人民共和国住房和城乡建设部，实施日期为 2014 年 5 月 1 日。本规范共分 12 章 7 个附录，主要内容有总则，术语，基本规定，消防联动控制设计，火灾探测器的选择，系统设备的设置，住宅建筑火灾自动报警系统，可燃气体探测报警系统，电气火灾监控系统，系统供电，布线，典型场所的火灾自动报警系统等。本规范适用于工业与民用建筑内设置的火灾自动报警系统，不适用于生产和储存火药、炸药、弹药、火工品等场所设置的火灾自动报警系统。火灾自动报警系统的设计，必须遵循国家有关方针、政策，针对保护对象的特点，做到安全适用、技术先进、经济合理。火灾自动报警系统的设计，除执行本规范的规定外，尚应符合现行的有关强制性国标准、规范的规定。

（38）《火灾自动报警系统施工及验收标准》（GB 50166—2019）。本规范是由公安部沈阳消防研究所会同有关单位对原国家标准《火灾自动报警系统施工及验收规范》（GB 50166—2007）进行全面修订的基础上编制而成。本规范的主编部门为中华人民共和国公安部，批准部门为中华人民共和国建设部，经住房和城乡建设部 2019 年 11 月 22 日以第 315 号公告批准发布，实施日期为 2020 年 3 月 1 日。本次修订的主要内容有补充完善了系统设备部件的安装、调试、检测、验收等有关技术内容；增加了电气火灾监控系统、传输设备（火灾报警传输设备或用户信息传输装置）、防火门监控器、消防设备电源监控器、分布式线型光纤感温火灾探测器和光栅光纤感温火灾探测器的施工、调试、检测及验收要求；增加了家用火灾报警控制器、家用火灾探测器、火灾声光警报器的调试、检测及验收要求；修订了与《火灾自动报警系统设计规范》（GB 50116—2013）不一致、不协调的内容。本标准适用于建（构）筑物中设置的火灾自动报警系统的施工、检测、验收及维护保养，不适用于火药、炸药、弹药、火工品等生产和贮存场所设置的火灾自动报警系统的施工、检测、验收及维护保养。火灾自动报警系统的施工、检测、验收及维护保养，除执行本标准的规定外，尚应符合国家现行有关标准、规范的规定。

（39）《二氧化碳灭火系统设计规范》（2010 年版）（GB 50193—1993）。本规范是由公安部天津消防研究所会同有关单位共同对《二氧化碳灭火系统设计规范》（1999 年版）（GB 50193—1993）进行修订而成。本规范的主编部门为中华人民共和国公安部，批准部门为中华人民共和国建设部，实施日期为 2010 年 8 月 1 日。本规范适用于新建、改建、扩建工程及生产和储存装置中设置的二氧化碳灭火系统的设计。二氧化碳灭火系统可用于扑救下列火灾：灭火前可切断气源的气体火灾；液体火灾或石蜡、沥青等可熔化的固体火灾；固体表面火灾及棉毛、织物、纸张等部分固体深位火灾；电气火灾。二氧化碳灭火系统不得用于扑救下列火灾：硝化纤维、火药等含氧化剂的化学制品火灾；钾、钠、镁、钛、锆等活泼金属火灾；氢化钾、氢化钠等金属氢化物火灾。二氧化碳灭火系统的设计，除执行本规范的规定外，尚应符合国家现行的有关标准、规范的规定。

（40）《气体灭火系统设计规范》（GB 50370—2005）。本规范是由公安部天津消防研究所会同有关单位共同编制完成的。本规范共分 6 章 7 个附录，主要内容有总则，术语和符号，设计要求，系统组件，操作与控制，安全要求等。本规范适用于新建、改建、扩建的工业和民用建筑中设置的七氟丙烷、IG541 混合气体和热气溶胶全淹没灭火系统的设计。气体灭火系统设计，除执行本规范的规定外，尚应符合国家现行有关国家标准规范的规定。

（41）《气体灭火系统施工及验收规范》（GB 50263—2007）。本规范是由公安部消防局组织公安部天津消防研究所会同有关参编单位，共同对《气体灭火系统施工及验收规范》（GB 50263—1997）进行全面修订而成，实施日期为 2007 年 7 月 1 日。本规范共分 8 章 6 个附录，主要内容有总则，术语，基本规定，材料及系统构件进场，安装，调试，系统工程验收，维护管理及附录等。本规范适用于新建、扩建、改建工程中设置的气体灭火系统工程施工、验收及维护管理。气体灭火系统的施工及验收，应遵循国家有关法规和方针政策，做到安全实用、技术先进、经济合理。气体灭火系统的施工及验收、维护管理，除执行本规范的规定外，尚应符合国家的现行的有关标准、规范的规定。

（42）《干粉灭火系统设计规范》（GB 50347—2004）。本规范由公安部负责主编，具体由公安部天津消防研究所会同吉林省公安消防总队等相关单位共同编制完成。批准部门为中华人民共和国建设部，实施日期为 2004 年 11 月 1 日，由建设部、中华人民共和国国家质量监督检验检疫总局联合发布。本规范共分 7 章 2 个附录，主要内容有总则，术语和符号，系统设计，管网计算，系统组件，控制与操作，安全要求等。

（43）《固定消防炮灭火系统设计规范》（GB 50338—2003）。本规范的主编部门为中华人民共和国公安部，批准部门为中华人民共和国建设部，实施日期为 2003 年 8 月 1 日。固定消防炮灭火系统是用于保护面积较大、火灾危险性较高而且价值较昂贵的重点工程的群组设备等要害场所，能及时有效地扑灭较大规模的区域性火灾。灭火威力较大的固定灭火设备，在消防工程设计上有其特殊要求。本规范共分 6 章，主要内容有总则，术语和符号，系统选择，系统设计，系统组件，电气等，适用于新建、改建、扩建工程中设置的固定消防炮灭火系统的设计。当设置固定消防炮灭火系统的工程改变其使用性质时，应校核原设置系统的适用性；当不适用时，应重新设计。固定消防炮灭火系统的设计，除执行本规范的规定外，尚应符合国家现行的有关标准、规范的规定。

（44）《固定消防炮灭火系统施工及验收规范》（GB 50498—2009）。本规范由中华人民共和国公安部负责主编，具体由公安部上海消防研究所会同相关单位共同编制完成，实施日期为 2009 年 10 月 1 日。本规范共分 9 章，主要内容有总则，基本规定，进场检验，系统组件安装与施工，电气安装与施工，系统试压与冲洗，系统调试，系统验收，维护管理等。

（45）《建筑灭火器配置设计规范》（GB 50140—2005）。本规范是由公安部上海消防研究所会同有关单位对原国家标准《建筑灭火器配置设计规范》（GBJ 140—90）进行全面修订的基础上编制完成的。本规范的主编部门为中华人民共和国公安部，批准部门为中华人民共和国建设部，实施日期为 2005 年 10 月 1 日。本规范共分 7 章 6 个附录，适用于新建和扩建的生产、使用和储存可燃物的工业与民用建筑工程，不适用于生产和储存火药、弹药、火工品、花炮的厂（库）房，以及九层以下的普通住宅。配置的灭火器类型、规格、数量以及设置位置应作为建筑设计内容，并在工程设计图纸上标明。建筑灭火器的配置设计，除执行本规范的规定外，尚应符合国家现行的有关标准、规范的求。

（46）《建筑灭火器配置验收及检查规范》（GB 50444—2008）。本规范是由公安部上海消防研究所会同有关单位共同编制完成。本规范的主编部门为中华人民共和国公安部，批准部门为中华人民共和国建设部，由中华人民共和国住房和城乡建设部、中华人民共和国国家质量监督检验检疫总局联合发布，实施日期为 2008 年 11 月 1 日。本规范共分 5 章 3 个附录，主要内容有总则，基本规定，安装设置，配置验收及检查与维护等。

由公安部与其他部门联合制定的行业规范共 4 部，具体包括如下内容。

（1）《邮电建筑设计防火规范》（YD 5002—1994）。本标准的主编单位为邮电部计划建设司，批准部门为中华人民共和国邮电部和中华人民共和国公安部。实施日期为 1996 年 2 月 1 日。本标准适用于新建的电信综合局、长途电话局、电报局、市内电话局、微波站、地球站，以及一级干线的邮件处理中心和二级干线的邮件处理中心。改建、扩建的上述建筑可参照本规范执行。邮电建筑的防火设计，除执行本规范的规定外，尚应符合国家现行的有关标准、规范的要求。

（2）《广播电影电视建筑设计防火标准》（GY 5067—2017）。本规范的主编单位为中广电广播设计研究院，批准单位为国家新闻出版广电总局和公安部，实施日期为 2018 年 1 月 1 日。本规范是在《广播电影电视建筑设计防火规范》（GY5067—2003）基础上进行了修订和补充。本规范适用于新建、扩建和改建的（包括室内装修）的广播电视建筑。

（3）《水电工程设计防火规范》（GB 50872—2014）。本规范的主编单位为中华人民共和国公安部和中国电力企业联合会，批准部门为中华人民共和国住房和城乡建设部，实施日期为 2014 年 8 月 1 日。本规范适用于新建、改建和扩建的大、中型水电站和抽水蓄能电站工程（以下统称水电工程）的防火设计。枢纽外的远程控制室、调度机房的防火设计应按现行国家标准《建筑设计防火规范》（2018 年版）（GB 50016—2014）的有关规定执行。水电工程防火设计除应符合本规范规定外，还应符合国家现行有关标准的规定。

由其他部门主编的专用消防技术规范和包含防火内容的技术规范主要有：

（1）《石油库设计规范》（GB 50074—2014）。本规范的主编部门为中国石油化工集团总公司，批准部门为中华人民共和国国家计划委员会，实施日期为 2015 年 5 月 1 日。本规范适用于新建、扩建和改建石油库的设计。本规范不适用于下列易燃和可燃液体储运设施：石油化工企业厂区内的易燃和可燃液体储运设施；油气田的油品站场（库）；附属于输油管道的输油站场；地下水封石洞油库、地下盐穴石油库、自然洞石油库、人工开挖的储油洞库；独立的液化烃储存库（包括常温液化石油气储存库、低温液化烃储存库）；液化天然气储存库；储罐总容量大于或等于 1 200 000 m³，仅储存原油的石油储备库。本规范共分 16 章 2 个附录。主要内容有石油库设计所涉及的库址选择，库区布置，储罐区，易燃和可燃液体泵站，易燃和可燃液体装卸设施，工艺及热力管道，易燃和可燃液体灌桶设施，车间供油站，消防设施。由于石油库储存的是易燃和可燃液体，属爆炸和火灾危险场所，所以本着"安全可靠"的原则，着重对有关安全、消防问题做出详细规定。石油库设计，除执行本规范的规定外，尚应符合国家现行的有关标准、规范的要求。

（2）《汽车加油加气加氢站技术标准》（GB 50156—2021）。本标准的主编单位为中国石油化工集团有限公司，批准部门为中华人民共和国住房和城乡建设部，实施日期为 2021 年 10 月 1 日。本标准适用于新建、扩建和改建的汽车加油站、加气站、加油加气合建站、加油加氢合建站、加气加氢合建站、加油加气加氢合建站工程的设计和施工。汽车加油加气加氢站的设计和施工，除应符合本标准外，尚应符合国家现行有关标准的规定。

（3）《城镇燃气设计规范》（2020 版）（GB 50028—2006）。本规范的主编部门和批准部门为中华人民共和国建设部，由中国市政工程华北设计研究院会同有关单位共同对《城镇燃气设计规范》（GB 50028—1993）进行了修订而成，实施日期为 2020 年 6 月 1 日。本规范适用于向城市、乡镇或居民点供给居民生活、商业、工业企业生产、采暖通风和空调等各类用户作燃料用的新建、扩建或改建的城镇燃气工程设计。本规范共分 10 章 6 个附录，主要内容有总则，术语，用气量和燃气质量，制气，净化，燃气输配系统，液化天然气供应和燃气的应用等。城镇燃气工程规划设计应遵循我国的能源政策，根据城镇总体规划进行设计，并应与城镇的能源规划、环保规划、消防规划等相结合。城镇燃气工程设计，除执行本规范的规定外，尚应符合国家现行的有关标准、规范的要求。

（4）《小型火力发电厂设计规范》（GB 50049—2011）。本规范的主编部门为中国电力企业联合会，批准部门为中华人民共和国住房和城乡建设部，实施日期为 2011 年 12 月 1 日。本规范适用于高温高压及以下参数、单机容量在 125 MW 以下、采用直接燃烧方式、主要燃用固体化石燃料的新建、扩建和改建火力发电厂设计。小型火力发电厂设计除应符合本规范的规定外，尚应符合现行的有关标准和规范的规定。

（5）《洁净厂房设计规范》（GB 50073—2013）。本规范的主编部门为中华人民共和国工业和信息化部，批准部门为中华人民共和国住房和城乡建设部，由中国电子工程设计院会同有关单位共同对《洁净厂房设计规范》（GB 50073—2001）修订而成，实施日期为 2013 年 9 月 1 日。本规范适用于新建和改建、扩建的洁净厂房设计。本规范共分 9 章 3 个附录，主要内容有总则，术语，空气洁净度等级，总体设计，建筑，空气净化，给水排水，工业管道，电气等。洁净厂房设计应是施工安装、维护管理、检修测试和安全运行的基础。洁净厂房设计，除应执行本规范的规定外，尚应符合国家现行有关标准、规范的要求。

（6）《冷库设计标准》（GB 50072—2021）。本规范的主编部门为中华人民共和国商务部，批准部门为中华人民共和国住房和城乡建设部，由国内贸易工程设计研究所会同有关单位在原国家标准《冷库设计规范》（GB 50075—2010）的基础上修订而成的，实施日期为 2021 年 12 月 1 日。本规范适用于采用氨、卤代烃及其混合物、二氧化碳为制冷剂的亚临界蒸汽压缩直接式制冷系统和采用二氧化碳、盐水等为载冷剂的间接式制冷系统的新建、扩建和改建食品冷库。本规范共分 9 章 1 个附录。主要内容有总则，术语，基本规定，建筑，结构，制冷，电气，给水和排水，供暖，通风，空调和地面防冻，并将供暖地区机械通风地面防冻加热负荷和机械通风送风量计算列入附录中。冷库设计应做到安全可靠、节约能源、环境友好、经济合理、先进适用。冷库设计，除应执行本规范的规定外，尚应符合国家现行有关标准、规范的要求。

（7）《油气化工码头设计防火规范》（JTS 158—2019）。本规范的主编单位为中交水运规划设计院有限公司、交通运输部公安局，批准部门为中华人民共和国交通运输部，实施日期为 2020 年 1 月 1 日。本规范由交通运输部水运局组织有关单位，在《装卸油品码头防火设计规范》（JTJ 237—1999）的基础上，通过深入调查和专题研究，总结我国近年来油气化工码头设计、建设、监管、运营操作的经验，广泛征求行业内外对现行规范的使用意见和建议，借鉴国外同类型码头防火标准及管理经验，结合我国油气化工码头建设发展需要制定而成。本规范适用于沿海和内河新建、改建和扩建的油气化工码头工程防火设计。不适用于装卸植物油、装卸桶装或罐装液体危险品码头和水上加油或加气站。油气化工码头防火设计除应符合本规范的规定外，尚应符合国家现行有关标准的规定。

（8）《爆炸危险环境电力装置设计规范》（GB 50058—2014）。本规范的主编单位为中国工程建设标准化协会化工分会，批准部门为中华人民共和国住房和城乡建设部，实施日期为2014年10月1日。本规范适用于在生产、加工、处理、转运或贮存过程中出现或可能出现爆炸危险环境的新建、护建和改建工程的爆炸危险区域划分及电力装当设计。本规范不适用于矿井井下，制造、使用或贮存火纺、炸药和起爆药、引信及火工品生产等的环境，利用电能进行生产并与生产工艺过程直接关联的电解、电镀等电力装登区域，使用强氧化剂以及不用外来点火源就能自行起火的物质的环境，水、陆、空交通运输工具及海上和陆地油井平台，以加味天然气作燃料进行采暖、空调、烹饪、洗衣以及类似的管线系统，医疗室内，灾难性事故。爆炸危险环境的电力装置设计除应符合本规范外，尚应符合国家现行有关标准的规定。

（9）《民用爆炸物品工程设计安全标准》（GB 50089—2018）。本规范的主编部门为中国兵器工业集团公司，批准部门为中华人民共和国住房和城乡建设部，实施日期为2019年3月1日。本规范适用于民用爆破器材工厂的新建、改建、扩建和技术改造工程。民用爆破器材工厂的设计，除应执行本规范的规定外，尚应符合国家现行的有关标准、规范的要求。

（10）《烟花爆竹工程设计安全标准》（GB 50161—2022）。本标准的主编单位为中国兵器工业火炸药工程与安全技术研究院，湖南烟花爆竹产品安全质量监督检测中心、中国烟花爆竹协会等，批准部门为中华人民共和国住房和城乡建设部，实施日期为2022年12月1日。本标准适用于烟花爆竹生产建设项目和批发经营仓库的新建、改建和扩建工程设计，不适用于烟花爆竹零售经营店（点）的工程设计。本标准有关外部安全距离的规定也适用于在烟花爆竹生产建设项目和批发经营仓库周边进行居民点、企业、城镇、重要设施的规划建设。烟花爆竹生产建设项目和批发经营仓库的工程设计，除应符合本标准外，尚应符合国家现行有关标准的规定。

（11）《建筑防雷设计规范》（GB 50057—2010）。本规范的主编部门为机械工业部，批准部门为中华人民共和国建设部，由中国中元国际工程公司会同相关单位对《建筑物防雷设计规范》（GB 50057—1994）修订而成的，实施日期为2011年10月1日。本规范适用于新建建筑物的防雷设计，不适用于天线塔、共用天线电视接收系统、油罐、化工户外装置的防雷设计。建筑物防雷设计，应在认真调查地理、地质、土壤、气象、环境等条件和雷电活动规律以及被保护物的特点等的基础上，详细研究防雷装置的形式及其布置。建筑物防雷设计，除应执行本规范的规定外，尚应符合国家现行有关标准、规范的要求。

2. 我国现行消防技术规范存在的主要问题

随着我国工程建设的快速发展，现行消防技术规范体系及其内容已不适应发展的需要，主要表现在以下几个方面：

（1）现行规范门类繁多，缺乏协调，相互之间存在重复和矛盾，致使一些规范在工程实际应用中难以执行。

（2）一些规范的部分规定不明确、不详尽，个别规定与工程实际不符，缺乏可操作性。

（3）尚未建立起与市场经济相适应的消防技术规范立项、审查和专家评审机制，造成一些规范在立项、审查和专家评审过程中缺乏科学性、严谨性。

多年来，这些问题一直没有得到根本解决，这在一定程度上制约了消防技术规范朝着体系科学、技术先进、安全适用、经济合理的方向发展。

3. 我国消防技术规范体系的发展趋势

着眼于规范的发展和与世界的接轨，又要兼顾现行规范现状，同时，着力解决现行规范之间存在协调性不强、涵盖面不广等问题，我国一直在努力建立分类明确、层次清晰、结构优化、协调配套，适应当前和今后一个时期工程建设发展需要的新消防技术规范体系框架，以作为今后消防技术规范立项和制定、修订工作的依据。

新消防技术规范体系框架是按照中华人民共和国建设部关于《工程建设标准体系》的编制要求，在分析、研究我国消防技术规范体系现状和发展需要的基础上制定的。新消防技术规范体系框架由综合规范及专业规范（基础规范、通用规范和专用规范）构成。综合规范重点提出了各类建设工程的防火目标，以及达到这些目标的关键技术要求，对其他层次规范的制定及建设工程防火设计具有指导作用；技术政策性较强，是今后上升为技术法规的雏形。基础规范主要规定建设工程中的防火专业术语、图形符号和标志等，为各类规范的编制和工程应用提供技术参考依据。通用规范是在遵循综合规范规定的防火技术原则的基础上，针对某一类或某一方面的建设工程提出的防火共性要求。通用规范可作为专用规范的依据。其基本涵盖建设工程防火设计的各个主要方面。专用规范针对某一类或某一方面的建设工程提出具体的防火技术要求，是对通用规范的补充、延伸。新消防技术规范体系框架中的专用规范有一些是现行的，有一些需要立项制定，还有一些需要在现行相关规范的基础上将防火内容进行修订完善，并独立成篇。

（1）基础规范

①术语规范

术语规范有《建筑工程消防术语规范》。本规范适用于城镇消防规划和建设工程设计、施工、验收、质量检验和维护管理等方面，包括消防规划、各类建设工程、建筑构件、建筑材料、消防设施等常用的消防术语。本规范中的术语及释义考虑了科学性和通用性，并与现行有关规范协调一致。

②图形规范

图形规范有《建设工程消防图形符号规范》。本规范适用于各类建设工程的防火设计。主要对防火设计中涉及的图形符号作出统一规定，明确图形符号的含义，给出统一的常用图例。

③标志规范

标志规范有《建设工程消防安全警示标志规范》。本规范适用于各类建设工程中的消防设施标志和防火警示标志，对疏散指示标志、灭火器材、消火栓、水泵接合器、消防系统主要组件以及防火警示图形标志的含义和尺寸规格作出统一规定，为明示消防设施，提示防火要求提供依据。

（2）通用规范

①城镇消防规划通用规范

城镇消防规划通用规范有《城镇消防规划规范》。本规范适用于城镇消防规划的制订和实施，主要内容为城镇消防规划编制要求及消防安全布局、消防站、城镇消防供水、消防通信、消防装备的规划要求。

②建设工程防火通用规划

建设工程防火通用规划有《建设设计防火规范》。本规范适用于各类工业和民用建筑物、构筑物的防火设计。主要内容为建筑物、构筑物（包括生产厂房、仓库、住宅、商业建筑、办公、综合建筑、教学楼、病房楼等）在总平面布局、多功能建筑组合、防火间距、消防车通道、耐火等级和耐火极限、建筑规模、防火防烟分区、安全疏散、消防设施设置、消防给水、装修材料等方面的原则规定。

③建设工程消防设施通用规范

建设工程消防设施通用规范有《建设工程消防设施设计、施工及验收规范》。本规范适用于各类建设工程消防设施的设计、施工及验收。主要对消防设施设计应当遵循的原则、消防产品选用和施工验收基本要求等作出统一规定。

（3）专用规范

①城镇消防规划专用规范

《城镇消防站设计规范》适用于城镇消防站的设计。主要内容为消防站布局、占地规模、消防站建筑设计、消防站训练场地及训练设施、消防站配置的各类设施和消防装备。

《消防通信指挥系统设计规范》主要内容为系统技术构成、系统功能及主要性能要求，系统设备配置及其功能要求，系统软件及其设计要求，系统供电、接地、布线及设备用房要求，以及系统相关环境技术条件等。

《消防通信指挥系统施工及验收规范》主要对消防通信指挥系统的施工、调试和验收等作出规定。

②建设工程防火专用规范

《住宅建筑防火设计规范》适用于各种建筑类型住宅的防火设计。主要内容为住宅建筑防火分类、住宅与其他场所组合建造原则、防火间距、消防车通道、耐火等级和耐火极限、防火防烟分区、安全疏散、消防设施配置等。

《商店建筑防火设计规范》适用于各种用途和建筑类型商店的防火设计。主要内容为商店建筑防火分类、商店与其他场所组合建造原则、耐火等级和耐火极限、防火防烟分区、安全疏散、消防设施配置等。

《学校建筑防火设计规范》适用于学校中各种用途建筑的防火设计。主要内容为学校建筑防火分类、耐火等级和耐火极限、防火防烟分区、安全疏散、消防设施配置等。

《影剧院防火设计规范》适用于影剧院的防火设计。主要内容为影剧院防火分类、防火间距、消防车通道、耐火等级和耐火极限、防火防烟分区、安全疏散、消防设施配置等。

《医院建筑防火设计规范》适用于医院中各种用途建筑的防火设计。主要内容为医院建筑防火分类、防火间距、消防车通道、耐火等级和耐火极限、防火防烟分区、安全疏散、消防设施配置等。

《古建筑防火设计规范》适用于各种用途古建筑改造和新建仿古建筑的防火设计。主要内容为古建筑防火分类、防火间距、消防车通道、耐火等级和耐火极限、防火防烟分区、安全疏散、消防设施配置、防火构造措施等。

《人民防空工程防火设计规范》主要内容为人防工程的建筑防火分类、耐火等级和耐火极限、防火防烟分区、安全疏散、消防设施配置、防火构造措施等。

《邮电建筑防火设计规范》主要内容为邮电建筑防火分类、防火防烟分区、安全疏散、消防设施配置、防火构造措施、专修材料等。

《广播电视建筑防火设计规范》主要内容为广播电视建筑的防火分类、防火防烟分区、安全疏散、消防设施配置、防火构造措施等。

《汽车库修车库停车场防火设计规范》适用于独立或与其他建筑组合建造的汽车库修车库停车场的防火设计。主要内容为防火分类和耐火极限、总平面布局和平面布置、防火分隔和建筑防火构造、安全疏散、消防给水和消防设施、采暖通风和防排烟、消防用电等。

《地铁防火设计规范》主要内容为地铁建筑耐火极限、防火防烟分区、安全疏散、消防给水、消防设施配置、防排烟设计方法、消防通信、消防用电等。

《城市隧道防火设计规范》适用于建造在城市内的车行、人行隧道。主要内容为隧道的防火分类、安全疏散、消防设施配置、火灾警报警示装置、防火构造措施等。

《机场车站码头建筑防火设计规范》适用于机场、车站、码头建筑的防火设计。主要内容为建筑防火分类、防火防烟分区、安全疏散、消防设施配置、防火构造措施等。

《汽车加油加气站设计规范》适用于汽车加油站、液化石油气加气站、压缩天然气加气站的防火设计。主要内容为站的防火分类、站址选择、总平面布置、站内设施之间及与站外建筑的防火间距、加气防火工艺的设施、消防设施、消防给水、消防用电、采暖通风、爆炸危险区域的等级范围划分等。

《火力发电厂与变电所防火设计规范》适用于燃油、燃气、燃煤发电厂和变电所的防火设计。主要内容为发电厂建筑和变电所的火灾危险性分类、耐火极限、总平面布局、防火防烟分区、防护间距、安全疏散、消防设施配置、消防给水、消防用电、发电设备防火措施等。

《水利水电工程防火设计规范》的主要内容为水利水电工程的火灾危险性分类、耐火极限、总平面布局、防火防烟分区、防火间距、安全疏散、消防设施配置、消防给水、消防用电、电缆等防火措施等。

《核电厂防火设计规范》的主要内容为火灾危险性分类、耐火极限、总平面布局、防火防烟分区、防火间距、安全疏散、消防设施配置、消防给水、消防用电、发电设备防火措施等。

《钢铁冶金企业防火设计规范》的主要内容为火灾危险性分类、耐火极限、总平面布局、防火防烟分区、防护间距、安全疏散、消防设施配置、消防给水、消防用电、防火措施等。

《浸出制油工厂防火设计规范》的主要内容为火灾危险性分类、耐火极限、总平面布局、防火防烟分区、防火间距、防爆泄压、安全疏散、消防设施配置、消防给水、消防用电、防火措施等。

《石油化工企业防火设计规范》适用于以石油、天然气及其产品为原料的石油化工工程的防火设计。主要内容为火灾危险性分类、总平面布局、工艺装置的消防安全措施、安全疏散、消防设施配置、消防给水、消防用电、发电设备防火措施等。

《洁净厂房防火设计规范》主要内容为火灾危险性分类、总平面布局、耐火极限、防火分区、安全疏散、消防设施配置、消防给水、消防用电、装修材料等。

《冷库建筑防火设计规范》主要内容为冷库建筑防火分类、耐火等级和耐火极限、防火防烟分区、安全疏散、消防设施配置、防火构造措施、装修和保温材料等。

《飞机库防火设计规范》主要内容为防火分区和耐火极限、总平面布局和平面布置、建筑构造、安全疏散、采暖通风、消防用电、消防给水和消防设施等。

《装卸油品码头防火设计规范》。本规范主要内容为火灾危险性分类、总平面布局、防火设施配置、消防给水、消防用电、防火措施等。

《原油和天然气防火设计规范》适用于油气田和管道工程的油气生产、储运工程的防火设计。主要内容为火灾危险性分类、区域布置、油气场站库内部平面布置、油气场站库防火间距、工艺装置的消防安全措施、消防设施配置、消防给水、消防用电等。

《建筑内部装修防火设计范》主要内容为装修材料的分类和分级、各类工业和民用建筑内部装修材料燃烧性能规定、内部装修防火措施等。

《建筑内部装修防火施工及验收规范》主要对建筑内装修材料的进场检验、施工工艺、验收检验方法等作出规定。

《钢结构耐火设计规范》主要对钢结构耐火性能计算方法、防火处理后钢结构耐火性能评估方法等作出规定。

《钢结构防火施工及验收规范》主要对各类钢结构防火涂料、防火板材的防火性能、材料进厂检验、施工和验收方法等作出规定。

《可燃液体储罐防火设计规范》适用于油品、液化烃等各类可燃液体储罐。主要内容为储罐分类、储罐防火间距、消防设施配置、防火构造措施、消防车通道等。

《可燃气体储罐防火设计规范》适用于各类湿式、干式气体储罐。主要内容为储罐分类、储罐防火间距、消防设施配置、防火构造措施、消防车通道等。

《民用爆破器材工厂设计安全规范》主要内容为建筑物的危险等级和存药量、工厂规划和外部距离、总平面布置和内部安全距离、工艺与布置、危险品储存和运输、建筑结构、安全疏散、消防设施配置、消防给水、采暖通风、电气、危险品销毁、自动控制等。

《烟花爆竹工厂设计安全规范》主要内容为建筑物的危险等级、工厂规划和外部距离、总平面布置和内部安全距离、工艺与布置、危险品储存和运输、建筑结构、安全疏散、消防设施配置、消防给水、采暖通风、电气、安全措施等。

《打火机工厂设计安全规范》主要内容为建筑物的危险等级和危险品储存量、工厂规划和外部距离、总平面布置和内部安全距离、工艺与布置、危险品储存和运输、建筑结构、安全疏散、消防设施配置、消防给水、采暖通风、电气、安全措施等。

　　③建设工程消防设施专用规范

《火灾自动报警系统设计规范》主要内容为总则、术语、系统保护对象分级及火灾探测器设置部位、报警区域和探测区域的划分、系统设计、消防控制室和消防联动控制、火灾探测器的选择、火灾探测器和手动报警按钮的设置、系统供电、布线等。

《火灾自动报警系统施工及验收规范》主要内容为施工准备、设备安全和施工、系统调试和系统验收要求等。

《消火栓系统设计规范》主要内容为系统设计基本参数、管道、供水、操作与控制设备等。

《自动喷水灭火系统设计规范》主要内容为总则、术语符号、设置场所火灾危险等级、系统选型、设计基本参数、系统组件、喷头布置、管道、水力计算、供水、操作与控制等。

《水喷雾灭火系统设计规范》主要内容为系统设计基本参数、喷头布置、系统组件、给水、操作与控制、水力计算等。

《细水雾灭火系统设计规范》主要内容为系统设计基本参数、喷头布置、系统组件、给水、操作与控制、水力计算等。

《自动喷水灭火系统施工及验收规范》主要内容为施工准备、设备安装和施工、系统调试和系统验收要求等。

《消火栓系统施工及验收规范》主要内容为施工准备、设备安装和施工、系统调试和系统验收要求等。

《低倍数泡沫灭火系统设计规范》适用于加工、储存、装卸,使用甲(除液化烃)、乙、丙类液体场所设置的低倍数泡沫灭火系统的设计。主要内容为泡沫液和系统形式的选择,液上、液下泡沫系统设计、系统组件等。

《高倍数、中倍数泡沫灭火系统设计规范》主要内容为施工准备、设备安装和施工、系统调试、系统验收和维护管理等。

《二氧化碳灭火系统设计规范》适用于建筑工程及生产和储存装置中设置的二氧化碳灭火系统。主要内容为全淹没和局部应用系统设计、管网计算、系统组件、控制与操作、安全要求等。

《气体灭火系统设计规范》适用于建筑工程中设置的七氟丙烷、1541灭火系统的设计。主要内容为全淹没和局部应用系统设计、管网计算、系统组件、控制与操作、安全要求等。

《气体灭火系统施工及验收规范》主要内容为施工准备、管道和设备的安装和施工、系统调试、系统验收和维护管理等。

《固定消防炮灭火系统设计规范》适用于设置在建筑内和室外甲、乙、丙类液体储罐、石化装置区码头的固定消防炮设计。主要内容为系统形式选择、消防炮布置、系统设计、系统组件、电气等。

《固定消防炮灭火施工及验收规范》主要内容为施工准备、设备安装和施工、系统试压和冲洗系统调试、系统验收和维护管理等。

《建筑灭火器配置设计规范》主要内容为灭火器配置场所的危险等级、灭火级别，灭火器的选择、配置、设置和保护距离，灭火器配置的设计计算等。

《建筑灭火器检查维护报废规范》适用于对配置在建筑中的灭火器进行定期检查、及时维修和强制报废。主要内容为灭火器的检查、维修、再充装、水压试验、报废等。

《干粉灭火系统设计规范》适用于生产和储存场所设置的干粉灭火系统的设计。主要内容为全淹没和局部应用系统和预制灭火装置的系统设计、管网计算、系统组件、控制与操作、安全要求等。

《建筑消防设施施工质量验收规范》适用于钢结构防火处理、防火门窗、防火卷帘、机械防排烟系统、消火栓系统、应急照明及疏散指示标志的施工和验收。主要内容为施工准备、设备安装和施工、系统试压和冲洗系统调试、系统验收和维护管理等。

《机械防排烟系统设计规范》主要内容为系统设计、管道、风机、阀门、连动控制等。

《机械防排烟系统施工及验收规范》主要内容为施工准备、管道和设备安装和施工、系统调试、系统验收和维护管理等。

《应急照明及疏散指示标志设计规范》主要内容为应急照明及疏散指示标志的设置位置和数量、供电控制等。

《应急照明及疏散指示标志施工及验收规范》主要内容为施工准备、设备安装和施工、设备功能测试、系统验收和维护管理等。

《防火门窗、防火卷帘施工及验收规范》主要内容为施工准备、施工安装、功能测试、验收和维护保养等。

《建筑防火封堵材料施工及验收规范》适用于各类建设工程电缆、管道孔洞等的封堵。主要对防火封堵材料的施工准备、施工和验收方法等做出规定。

　　《逃生避难设施配置、安装和维护保养规范》适用于建筑中逃生避难设施的配置、安装和维护保养。主要对需要配置某类逃生避难设施的建筑类型和具体部位及其安装和维护保养方法等做出规定。

　　《建筑电气防火设计规范》主要对建筑电气线路和电气装置的防火措施做出规定。

　　《爆炸和火灾危险环境电力装置设计规范》适用于在生产、加工、处理、转运或储存过程中可能出现爆炸和火灾危险环境的建设工程的电力设计。主要对爆炸性气体环境、爆炸性粉尘环境，以及火灾危险环境的区域划分、区域范围、危险环境中的电气装置的安全措施等做出规定。

　　《建筑防雷设计规范》主要对建筑防雷装置的设计方法做出规定。

第二章　单位消防安全管理

科学理论来源于实践，并随着实践的发展而发展，但科学理论也有其自身发展的内在规律。消防管理学以人类消防实践活动为基础，并随着消防实践的发展而逐步发展，按照自身发展的内在规律，日益丰富完善，对我国消防管理实践发挥着越来越大的指导作用。

第一节　消防管理学概述

一、消防管理学简介

1. 消防管理学定义

消防管理学是一门研究消防管理活动现象和规律的科学，是我国行政管理学的基本学科之一。消防管理学以消防监督管理这一行政管理活动为主要研究对象，其研究成果是对行政管理学内容的丰富和完善。

消防管理学是一门综合性边缘学科。它与自然科学、社会科学、经济科学、技术科学、行为科学等在内容上有多方面的联系和交叉。它综合运用了多种学科的理论和技术，其研究成果跨越若干学科，涉及若干领域。

消防管理学是一门新兴学科。我国对消防管理活动的研究由来已久，但作为一门学科，它的形成起始于20世纪80年代。1981年建立的中国人民武装警察部队专科学校设立了消防专业，此后相继建立的20余所初级武警指挥学校，也分别开设了消防专业。1984年武警技术学院先后设立了消防工程系、消防管理系。这些院校专业的设立，专业教材的出版，以及这一时期有关著作的出版，标志着消防管理学学科已初步形成。

随着2018年国家机构改革调整，消防机构从公安现役部队集体转业，隶属于新组建的应急管理部门，成立了消防救援局和森林消防局，原武警学院更名为中国人民警察大学，不再承担为消防救援机构培育人才职能。而原武警警种学院更名为中国消防救援学院，承担国家综合性消防救援队伍人才培养、专业培训和科研等任务。

2. 消防管理学学科体系

消防管理学学科体系一般是按消防管理工作的分类，即管理业务的划分来建立的。大体上可分为以下几类：

（1）消防救援机构行政管理。其中包括行政领导系统的设置，职能机构的设置，人员的配备和培训，业务范围的划分和职责分工，建立规章制度，做好思想政治工作，制定消防法规，信息管理，队伍管理与执勤备战，财务管理，档案和资料的管理等。

（2）消防监督。其中包括分级管理和重点保卫，消防宣传教育，消防执法规范化，单位消防管理，社区消防管理，农村消防管理，人员密集场所消防管理等。

（3）消防技术管理和监督。其中包括建筑防火管理，电气防火管理，化学危险物品管理，消防产品质量的监督与检验，消防科技，火灾调查等。

（4）消防现代管理科学基础。其中包括消防系统工程，消防质量管理，作战与训练，装备配备与后勤保障，火灾形势分析评估等系列运用图表、大数据分析建模等。

3. 消防管理学的研究对象

任何一门科学都有其特定的研究对象。消防管理学是研究消防管理活动规律的科学，其研究对象就是消防管理活动及其规律。这一对象包括消防管理活动的主体、客体、活动规律及其对策。

消防管理学的研究对象决定于消防监督管理活动的客观内容。消防管理学研究的内容较为广泛。从综合性管理看，就有基层、中层和高层等层次的管理；从分科性管理看，又有作战、训练、政工、防火监督、法制、科技、行政、后勤等工作的管理。消防管理学主要是寻求消防领域中各种管理活动过程中的共同规律和管理要素之间的相互关系。所以，消防管理学以消防监督管理活动为研究对象，其主要内容有五个方面。

（1）消防管理如何适应社会主义市场经济发展规律的要求。我国是社会主义国家，消防管理如何建立和完善还是一个很大的课题，特别是党的十一届三中全会以来，我国政治、经济、文化科学技术的迅速发展，给消防管理提出的要求越来越高。从管理实践来看，消防管理的广度和深度随国家的发展而发展，是受经济发展规律支配的。所以，建立合乎经济发展规律的消防管理体系，制定消防法律法规和规章制度，使消防管理获得良好的效果，就是管理学研究的对象之一。如果对国家经济规律认识深透，对国家的政策、方针理解深刻，实际问题看得准，综合研究和论证正确，就可为政府提出合乎规律的决策，消防管理就能卓有成效地全面展开。

（2）研究上层建筑同消防管理的关系。党和国家有关的路线、方针、政策、法令、规章制度等，属于上层建筑范畴，它们的内容反映了经济基础的要求，消防管理必须适应它们的要求，反映其意志并为其服务，才能对保护对象起保卫和促进的作用。

（3）研究消防监督管理对象的活动规律和特点。火灾是一种复杂的现象，其发生发展规律受许多因素的影响，诸如社会火灾隐患的增长，生产生活方式的变化，火灾成因与人们心理和行为的关系，消防管理在社会上的影响程度等。由于地点、时间不同，人们的思想状况和工作状况不同，火灾的发生规律及其发展特点各有差异，所以只有研究本地区、本部门、本单位的火灾发生和发展规律，才能提出切合实际的消防对策，才能进行有效的监督管理。

（4）消防管理系统如何实现科学化和现代化。在消防监督管理活动中，行政管理占有重要地位。从我国消防行政管理的历史经验和当前存在的主要问题来看，行政管理主要解决的是管理科学化和现代化的问题，因为管理必须是符合规律要求的科学的管理，为此必须建立相适应的管理体制，设置合理的管理机构，管理人员必须掌握足够的现代管理的基本知识，工作程序要规范化，管理手段要逐步现代化。

（5）研究消防管理的效益。有无管理、管理的好坏其结果大不一样，这主要表现在各种工作效益的差距上。在经济管理领域，表现为经济效益的高低；在消防管理领域，则表现为消防效益的高低，消防效益就是消防管理工作的质量和效率，即用最少的人力、物力和财力获得最大的消防安全效益，其表现是少发生火灾、不发生火灾或不使之扩大造成更大的损失。

在消防管理活动中，直接决定消防效益的是人、财、物等要素。消防管理的过程是从选择消防目标开始到实现消防目标的过程，这一过程是管理要素相互发生作用的过程。所以，消防管理的基本过程是通过建立合理的管理机构，制定和运用合理的管理章法、选择合理的管理人员，实现对管理范围内的人力、物力、财力、信息和时间的计划、组织、指挥、协调和控制。

4. 消防管理学的研究任务与目标

（1）消防管理学的研究任务

科学的任务就是要揭示客观事物的内在规律，帮助人们认识内在规律，帮助人们认识世界、认识事物，为人们实践活动提供理论指导。消防管理学的研究任务就是运用科学的理论和方法，揭示我国消防管理活动的规律，提出预防、减少和控制火灾的对策，为保卫人民生命、财产安全和现代化建设提供安全服务。具体讲，有以下几个方面。

①研究火灾规律，为人们与火灾作斗争提供理论依据。火灾是消防管理的第一客体，火灾规律是制定消防管理对策的客观依据。开展火灾规律研究，可以为消防管理部门制定消防对策提供理论依据和指导。

②研究消防管理活动规律，为消防管理部门科学管理提供理论指导。管理是一门科学，消防管理活动有其内在规律，遵循其规律，是科学管理的基础。通过对其规律的探寻，为科学管理提供理论指导，这是消防管理学的重要任务之一。

③开展应用理论与应用技术研究，为消防实践提供理论对策和技术对策。消防管理学不仅研究有关基础理论，更重要的是研究应用理论，为消防实践提供理论指导的同时，也提供了科学实用的各种对策和方法。

④研究我国消防管理的新情况、新问题，不断适应现代化建设对消防管理的要求。我国正处在社会大变革时期，尤其是"十三五"以来，消防管理遇到了许多新情况、新问题，及时研究新情况、新问题，不断探寻解决的对策，适应现代化建设的要求，这是新形势下消防管理学研究的现实任务。

（2）消防管理的目标

消防管理的过程就是从选择最佳消防安全目标开始到实现最佳消防安全目标的过程。其最佳目标就是要在一定的条件下，通过消防管理活动将火灾发生的危险性和火灾造成的危害性降为最低程度。

世界上不存在绝对消防安全的单位和场所，不能要求其永远不发生火灾事故，在使用功能、运转时间等条件下，只要是火灾发生的频率和火灾造成的损失减少到最低限度，即达到了消防管理工作的目标。

二、消防管理的性质

消防管理具有自然属性和社会属性，并具有全方位性、全天候性、全过程性、全岗位性和强制性等特征。

1. 消防管理的自然属性

消防管理的自然属性表现为消防管理活动是人类同火灾这种自然灾害作斗争的性质。主要解决人类如何利用科学技术去战胜火灾，在消防管理实践活动中，主要是依据国家的消防技术规范和标准来限制建筑物、机械设备、物质材料等自然物的状态并调整它们之间的关系。

消防管理的自然属性表现广泛，如为了防止雷击起火、森林自燃起火等问题，人们主要是利用消防技术规范和标准中规定的科学技术手段来战胜自然界中发生的火灾。在生产和生活中，人们已广泛利用避雷针、自动灭火装置、阻燃剂、灭火剂、防火墙、火灾报警装置等科学技术手段来预防火灾和扑救火灾，这都表现出消防管理的自然属性。

2. 消防管理的社会属性

消防管理的社会属性表现为消防管理活动是一种管理社会（特别是管理社会）安全的工作，主要是维护人民的利益，依据法律调整人的行为，保障社会公共安全。在消防管理实践活动中，主要是利用国家的法律、法规、规章来调整人们的行为并调整人与自然物之间的关系。

在我国，消防管理活动要为经济发展服务。在社会主义市场经济体制的建立和发展过程中，我国的消防管理实践活动要不断地适应我国的国情，加快消防立法进度，强化消防法制教育，加强人民对消防管理社会属性的认识，强化社会化消防管理的功能和作业。

消防管理活动同其他管理活动相比较，大致有以下一些特征：

（1）全方位性

从消防管理的空间范围上看，消防管理活动具有全方位的特征。生产和生活中，可燃物、助燃物和着火源可以说是无处不在，凡是有用火的场所，凡是容易形成燃烧条件的场所，都是容易造成火灾的场所，也就是消防管理活动应该涉及的场所。

（2）全天候性

从消防管理的时间范围上看，消防管理活动具有全天候性的特征。人们用火的无时限性，形成燃烧条件的偶然性，决定了火灾发生的偶然随机性，决定了消防管理活动在每一年的任何一个季节、月份、日期以及每一天的任何时刻都不应该放松警惕。

（3）全过程性

从某一个系统的诞生、运转、维护、消亡的生存发展进程上看，消防管理活动具有全过程性的特征。如某一个厂房的生产系统，从计划、设计、制造、储存、运输、安装、使用、保养、维修直到报废消亡的整个过程中，都应该实施有效的消防管理活动。

（4）全岗位性

从消防管理的人员对象上看，消防管理的人员对象是不分男女老幼的，具有全员全岗位性的特征。

（5）强制性

从消防管理的手段上看，消防管理活动具有强制性的特征。因为火灾的破坏性很大，所以必须严格管理，管理不严格，不足以引起人们的高度重视。

三、消防管理的要素

消防管理的要素大致包括消防管理的主体（谁来管）、消防管理的对象（管什么）、消防管理的依据（凭什么管）、消防管理的原则（怎么管好）等四大方面。

1. 消防管理的主体

从《消防法》确定的我国消防工作原则"政府统一领导、部门依法监督、单位全面负责、公民积极参与"可以看出，政府、部门、单位、个人四者都是消防工作的主体，是消防管理活动的主体。其主要职能包括以下方面：

（1）政府：消防管理是政府社会管理和公共服务的重要内容，是社会稳定经济发展的重要保证。地方各级人民政府应当将当地的消防工作纳入国民经济和社会发展计划，保障消防工作与经济建设和社会发展相适应，提高公民消防安全意识，消除消防安全隐患，建立和管理各种形式的消防队伍，规划和建设各类公共消防基础设施等。

（2）部门：政府有关部门对消防工作齐抓共管，这是消防工作的社会化属性决定。《消防法》在明确消防救援机构职责的同时，也规定了应急管理、住建、市场监管、教育、人社等部门应当依据有关法律法规和政策规定，依法履行相应的消防管理职责。

（3）单位：单位是社会的基本单元，也是社会消防管理的基本单元。单位对消防安全和致灾因素的管理能力，反映了社会公共消防管理水平，也在很大程度上决定了一个城市、一个地区的消防安全形势，各类社会单位是本单位消防管理工作的具体执行者，必须全面负责和落实消防管理职责。

（4）个人：公民个人是消防工作的基础，是各项消防管理工作的重要参与者和监督者，没有广大人民群众的参与、消防工作就不会发展进步，全社会抗御火灾的能力就不会提高。公民在享受消防安全权利的同时也必须履行相应的消防义务。

2. 消防管理的对象

消防管理的对象又称为消防管理资源，主要包括人、财、物、信息、时间、事务等六个方面。

（1）人：即消防管理系统中被管理的人员。人是消防管理活动中最重要的对象和资源，任何管理活动和消防工作都需要人的参与和实施。因此，在消防管理活动中需要规范和管理人的不安全行为，减少人为的失误和差错。

（2）财：即开展消防管理的经费开支。开展和维持正常消防管理活动必然会需要正常的经费开支，在管理活动中也需要必要的经济奖励等方式方法，这往往要与经济增长相适应。

（3）物：即消防管理的建筑设施、机器设备、物质材料、能源等。物应该是严格控制的消防管理对象，也是消防技术标准所要调整和需要规范的对象。如某些易燃可燃的原材料、半成品、成品等，引起火灾的能量来源即着火源，机器设备的故障，建筑设施的不安全因素等都是应该严格控制的对象物。

（4）信息：即开展消防管理活动的文件、资料、数据、消息等。信息流是消防管理系统中正常运转的流动质，应充分利用系统中的安全信息流，发挥它们在消防管理中的作用。如各单位内部张贴的消防"三提示"标识，消防救援机构向辖区单位下发的各类法律文书等，都是安全信息流。

（5）时间：即消防管理活动的工作顺序、程序、时限、效率等。消防管理活动应统筹安排各项工作的先后顺序，合理安排工作程序和工作时效，努力提高工作效率。

（6）事务：即消防管理活动的工作任务、职责、指标等。消防管理应明确工作岗位，确定岗位工作职责，建立健全逐级岗位责任制，明确完成各项工作任务的标准，对各项工作进行量化管理。

3. 消防管理的依据

消防管理的依据大致包括法律政策依据和规章制度依据两大类。

（1）法律政策依据：是指消防管理活动中运用的各种法律、行政法规、地方性法规、部门规章、政府规章以及各类技术规范性文件。其中，法律是由全国人大及其常委会批准或颁布的，如《消防法》《治安管理处罚法》《国家赔偿法》等；行政法规是由国务院批准或颁布的，如《仓库防火管理规则》《化学危险品安全管理条例》等；地方性法规是由各省、自治区、直辖市、省会、自治区首府等人大及其常委会批准或颁布的，如《江苏省消防条例》《福州市消防管理办法》等；部门规章是由国务院各部、委、局批准或颁布的，如《机关、团体、企业、事业单位消防管理规定》（公安部令第61号）《消防监督检查规定》（公安部令第120号）等；政府规章是由省、自治区、直辖市、省会、自治区首府等人民政府批准或颁布的，如《北京市建设工程施工现场消防管理规定》（北京市人民政府令第84号）等；消防技术规范是指在消防管理活动中，凡是涉及消防技术的管理活动，均应以有关消防技术的国家标准或本地的消防技术规范为管理依据，如国家标准《建筑设计防火规范》、地方标准《北京市简易自动喷水灭火系统设计规程》等。

在消防管理活动中，由于法律依据往往不健全或具有滞后性，所以还应该以党和国家制定的有关政策作为指导原则和依据。

（2）规章制度依据：是指社会各单位内部消防安全管理活动应当遵循的适应于本单位的消防安全管理规章制度。《机关、团体、企业、事业消防管理规定》（公安部第61号）规定，"单位应当落实逐级消防安全责任制和岗位消防安全责任制，明确逐级和岗位消防安全职责，确定各级、各岗位的消防安全责任人"。为了将消防安全责任制和岗位消防安全责任制落到实处，社会单位开展和实施消防管理活动时，应当制定适合自身单位实际情况的各项规章制度。例如单位内部的消防管理规定、消防安全操作流程、防火检查巡查制度、消防安全培训计划、标准化管理方法等。

4. 消防管理的原则

消防管理原则共包括五个方面的内容。

（1）依法管理的原则。依法管理就是单位的领导和主管或职能部门依照国家立法机关和行政机关制定颁发的法律、法规、规章，对消防安全事务进行管理。要依照法规办事，加强对职工群众的遵纪守法教育，对违反消防管理的行为和火灾事故责任者严肃追究，认真处理。

消防法规不仅具有引导、教育、评价、调整人们行为的规范作用，而且具有制裁、惩罚犯罪行为的强制作用。因此，任何单位都应组织群众学习消防法规，从本单位的实际出发，依照消防法规的基本要求，制定相应的消防管理规章制度或工作规程，并严格执行，做到有法必依、执法必严、违法必究，使消防管理走上法制的轨道。

（2）科学管理的原则。科学管理就是运用管理科学的理论，规范管理系统的机构设置、管理程序、方法、途径、规章制度、工作方法等，从而有效地实施管理，提高管理效率。消防管理要实行科学管理，使之科学化、规范化。消防管理首先要依照客观规律办事，才能富有成效。必须遵循火灾发生、发展的规律；要知道诱发火灾发生的因素随着经济的发展、生产技术领域的扩大和物质生活的提高而增加的规律；火灾成因与人们心理和行为相关的规律；火灾的发生与行业、季节、时间相关的规律等。其次要学习和运用管理科学的理论和方法提高工作效率和管理水平，并与实践经验有机地结合起来。还要逐步采用现代化的技术手段和管理手段，以取得最佳的管理效果。

（3）谁主管谁负责的原则。"谁主管，谁负责"的基本意思是，谁主管哪项工作，谁就对那项工作中的消防安全负责，即一个地区、一个系统、一个单位的消防安全工作要由本地区、本系统、本单位负责；单位的法定代表人或主要负责人要对本单位的消防安全全面负责；分管其他工作的领导和各业务部门，要对分管业务范围内的消防安全工作负责；车间、班组领导，要对本车间、本班组的消防安全工作负责。

（4）综合治理的原则。消防管理在管理方式、运用管理手段、管理所涉及的要素以及管理的内容上都表现出较强的综合性质。消防管理不能单靠哪一个部门，只使用某一种手段，要与行业、单位的整体管理统一起来；管理中不仅要运用行政手段，还要运用法律的、经济的、技术的和思想教育的手段进行治理；管理中要考虑各种有关安全的因素，即对人、物、事、时间、信息等进行综合治理。

（5）依靠群众的原则。消防工作是一项具有广泛群众性的工作，只有依靠群众，调动广大群众的积极性，才能使消防工作社会化。消防管理工作的基础是做好群众工作，要采取各种方式方法，向群众普及消防知识，提高群众消防意识和防灾抗灾能力；要组织群众中的骨干，建立义务消防组织，开展群众性防火灭火工作。

四、消防管理的基本方法

消防管理的方法是指消防管理主体对消防管理对象施加作用的基本方法，或者是消防管理主体行使消防管理职能的基本手段。其基本方法主要包括行政方法、法律方法、经济奖惩方法、行为激励方法、宣传教育方法、舆论监督方法、专家论证方法等。

1. 行政方法。主要是依靠行政（包括国家行政和内部行政）机构及其领导者的职权，通过强制性的行政命令，直接对管理对象产生影响，按照行政组织系统来进行消防管理的方法。行政机构的特殊性决定了行政方法不同于一般性管理方法，这种方法往往具有强制性、稳定性、垂直性、时效性、具体性、保密性等特性。其优点在于有利于统一领导、统一步调，缺点是要求行政管理机构的层次不能过多。通常要和法律方法、经济奖励方法、宣传教育方法等方法结合起来使用。

2. 法律方法。主要是指以国家制定的法律法规等所规定的强制性手段，来处理、调解、制裁一切违反消防安全行为的管理方法。法律方法同其他方法相比，具有强制性、时效性、概括性、稳定性等特性，通常只适应于处理某些共性的问题，法律条款中没有作出具体规定的，法律方法便无从谈起，则需要用行政方法或其他管理方法来代替。

运用行政方法可以认为是"人治"，运用法律方法则是"法治"，社会的发展要求消防管理必须逐步由"人治"转变成"法治"，因此，消防管理的法律方法越来越重要。

3. 经济奖惩方法。主要是指利用经济利益去推动消防管理对象自觉自愿地开展消防安全工作的管理方法。社会各单位尤其是企业单位的物质奖励包括安全生产单项奖、安全技术革新奖等，在企业消防管理工作中起到了重要作用。对于职工违反本单位规章制度的，可以采取扣发奖金、降低薪金等经济惩罚手段。

在实施经济奖惩方法时应注意奖励和惩罚并用，幅度应该适宜，经济奖惩方法应当同其他管理方法一同使用。

4. 行为激励方法。主要是指设置一定的条件和刺激，使人的行为动机激发起来，有效地达到行为目标，并应用于消防管理活动中，激励消防管理活动的参与者更好地从事管理活动，或者深入地应用于消除人的不安全行为等领域。

行为激励具体有以下运用方式：

（1）竞争激励方式：指管理者通过优胜劣汰竞争手段来调动被管理者积极性的行为激励方式。竞争激励具有激发才智，催化潜能，调节个体同群体、同环境的关系的功能。

在组织竞争活动时，要注意以下三点要求：即竞争方向和目标要正确；竞争起点要平等；竞争结果要评比。

（2）目标激励方式：指管理者通过设置一定的行为目标来调动被管理者积极性的行为激励方式。

在运用目标激励方式时应处理好以下关系：努力与成绩的关系；成绩与报酬的关系；报酬与需要的关系。

（3）强化激励方式：指管理者通过奖惩手段来调动被管理者积极性的行为激励方式。奖励是社会对人的良好行为的肯定，是一种正强化激励手段，可以增强原行为的持续性。惩罚是社会对人的不良行为的否定，是一种负强化激励手段，可以警诫和规劝改变原行为。

在运用强化激励方式时应该注意：针对不同对象的特点，选用不同的强化手段；奖惩幅度应该合理，能够诱发出期望的行为，实事求是，以奖为主，奖惩结合。

（4）反激励方式：指管理者通过"激将法"的手段，从反面来激励被管理者去做自己原来不愿做或不敢做的行为。运用时应该因人而定，根据具体情况，避免挫伤某些人的积极性。

（5）参与激励方式：指通过让被管理者参与管理活动，从而调动被管理者积极性的行为激励方式。运用时可采取组织全体成员或部门成员座谈讨论、礼贤下士地请教问题、建立会议制度、进行民意测验、书面或口头提建议等参与形式。

（6）兴趣激励方式：指根据被管理者的兴趣和爱好，来调动被管理者积极性的行为激励方式。运用时应该根据被管理者的兴趣、爱好、习性、气质、年龄、健康状况及对消防工作的心理反应，抓住他们的心理特征，积极发挥某些人的专长，建立和维持他们的工作热情和兴趣，消除或减少人为过失，激发他们对消防安全的重视程度，避免事故的发生。

5.宣传教育方法。主要指利用各种信息传播手段，向被管理者传播消防法规、方针、政策、任务和消防安全知识以及技能，使被管理者树立消防安全意识和观念，激发正确的行为，去实现消防管理目标的方法。宣传教育方法具有真理启发性、利益原则性、应用广泛性的特点。

我国的消防宣传工作方针是面向社会、面向基层、面向群众、以正面宣传为主。

我国消防宣传工作的基本原则是：

（1）要坚持正面宣传，要多宣传遵纪守法的典型、先进单位及先进个人的先进事迹和先进经验。

（2）要坚持并严格把握事实的准确性和真实性。

（3）要注意内外有别。

（4）要讲究社会宣传的效果。

我国消防宣传工作的基本任务是：

（1）提高广大群众防火的警惕性和同火灾作斗争的自觉性以及强烈的责任感。

（2）增强消防法制观念和全民的消防安全意识。

（3）提高基层单位和群众的自防自救能力。

（4）通过多种形式主动向社会各界宣传消防工作的重要意义，使广大群众理解、支持、关心和参与消防工作。

消防宣传的宣传媒介载体和方式方法有很多。报刊、电影、电视、广播、板报、广告牌、画廊、幻灯片、宣传标语、宣传车等都可以作为宣传媒介载体。可以组织"119"消防日咨询宣传、知识竞赛、演讲、消防夏令营等多种形式的宣传活动。

6. 舆论监督方法。主要指针对被管理者的消防安全违法违规行为，利用各种舆论媒介进行曝光和揭露，制止违法行为以伸张正义，并通过反面教育达到警醒世人的消防管理目标的方法。

7. 专家论证方法。主要是指消防管理者借助专家顾问的智慧进行分析、论证和决策的管理方法。专家论证方法多用于国家法律法规或者国家技术规范、标准没有明确要求的工程项目，在没有具体的理论依据时，需要请有关专家进行分析、论证和决策。

第二节　单位消防管理

单位是组成社会的基本单元，也是社会消防管理的基本单元。而消防安全重点单位作为日常防火工作的重点，其消防安全管理更需要单位内部各级依照消防法规及消防安全规章制度，运用管理科学的原理和方法，通过计划、组织、指挥、协调、控制、奖惩等职能，利用制度管理、人员管理、档案管理、消防设施设备管理、考核机制等方法，合理有效地利用各种管理资源，对本单位消防实施各项管理活动。法人单位的法定代表人或者非法人单位的主要负责人是单位的消防安全责任人，对本单位的消防安全工作全面负责。单位可以根据需要确定本单位的消防安全管理人，负责具体实施和组织落实消防安全管理工作任务，定期向消防安全责任人报告消防安全情况。

一、一般单位与重点单位

《消防法》第十六条、第十七条规定了机关、团体、企业、事业单位（以下统称"单位"），应当履行的消防安全职责。消防安全管理对社会单位分为一般单位和消防安全重点单位两种管理方式。消防安全重点单位，是指发生火灾可能性较大以及发生火灾可能造成重大的人身伤亡或者财产重大损失的单位。一般单位，是指除消防安全重点单位以外的单位。公安部《机关、团体、企业、事业单位消防安全管理规定》（公安部第 61 号令，以下统称"公安部61 号令"）确定了消防安全重点单位的范围，提出了比其他单位更为严格的消防安全管理要求，实行严格管理、严格监督，是多年以来消防工作行之有效的做法。

1. 消防安全重点单位管理的意义

无数火灾实例说明，一些单位发生火灾后，不仅会影响本单位的生产和经营，而且还会影响整个集团、整个系统、整个行业，甚至影响一个地区人民群众的生活和社会安定。如一个城市的供电系统或液化石油气、煤气公司等单位发生火灾，就不仅是影响企业本身，而且会严重影响其他单位的生产和城市人民的生活、社会的安定；有些厂的产品是全国许多厂家的原料或配件，这个厂如果发生火灾而造成了停工停产，其影响会涉及全国范围内的这个行业；如果其产品是出口产品，还会影响国家的声誉。另外，现在一些具有一定规模的集团公司，经营管理着很多甚至是跨地区的分公司、分厂，一旦某一分公司发生火灾，就会对整个公司的发展造成影响。因此，必须把一些火灾危险性大，发生火灾后损失大、伤亡大、影响大的单位列为消防工作的重点管理单位。所以，抓好消防安全重点单位的消防工作，对做好全局性的消防工作具有十分重要的意义。这一点犹如哲学中的抓主要矛盾和抓矛盾的主要方面。

2. 确定消防安全重点单位的原则

县级以上消防救援机构依据《消防法》和其他法规规定，结合当地实际情况，将发生火灾可能性较大以及一旦发生火灾可能造成人身重大伤亡或者财产重大损失的下列单位，确定为本行政区域内的消防安全重点单位。

（1）商场、市场、宾馆、饭店、体育场（馆）、会堂、公共娱乐场所等公众聚集场所。

（2）车站、机场、码头、广播电台、电视台和邮电、通信枢纽等重要场所。

（3）国家机关。

（4）重要的科研单位、大专院校、医院。

（5）高层办公楼、商住楼、综合楼等公共建筑。

（6）图书馆、档案楼、展览馆、博物馆以及重要的文物古建筑。

（7）地下轨道以及其他地下公共建筑。

（8）粮、棉、木材、百货等物资集中的大型仓库、堆场。

（9）发电厂（站）、地区供电系统变电站。

（10）城市燃气、燃油供应厂（站）、大中型油库、危险品库、石油化工企业等易燃易爆危险物品生产、储存和销售单位。

（11）国家和省级重点工程以及其他大型工程的施工现场。

（12）其他重要场所和工业企业。

3. 消防安全重点单位的界定标准

为了正确实施公安部61号令，科学、准确地界定消防安全重点单位，公安部在《关于实施〈机关、团体、企业、事业单位消防安全管理规定〉有关问题通知》（公通字〔2001〕97号）中提出了消防安全重点单位的界定标准。

二、消防安全组织

《消防法》和公安部61号令规定了机关、团体、企业、事业等单位应当设立消防安全组织机构，消防安全组织是指为了实现单位良好的消防安全环境设立的机构或部门，是单位内部消防管理的组织形式，是负责本单位防火灭火的工作网络。建立消防安全组织对于牢固树立单位消防工作的主体意识和责任意识，对单位消防安全管理具有十分重要的意义。

1. 消防安全组织的设置原则

（1）整体效能的原则

在一个消防组织的整体机构中，应该要求下属各个部门的设置有利于提高整体机构的效能，不应该产生内耗、互相干扰，降低整体机构的效能。

（2）以工作为中心的原则

设置一个消防组织应该以实现消防管理任务为目的，即因"事"设机构，因"事"设职责和职位，因职位选配人员，不能因人设职位或设机构。

（3）管理幅度的原则

管理幅度是指一个领导者或主管人员能够直接有效指挥、控制下级人员的人数。通常上层组织的管理幅度大致为4~8人，基层组织的管理幅度大致为8~15人。

管理幅度的大小取决于领导者个人的经验、才能、被领导者的素质以及领导者与被领导者之间的空间距离、信息沟通等。

通常被管理者人员过多时，则应增设管理层次，同时为了便于管理信息的上传下达，还应该考虑尽量减少管理层次。

（4）集权和分权的原则

上级负责关系全局的重要管理权限，实行逐级负责制的分级管理体制。

（5）权责对等的原则

权力和责任应该对等，管理者有多大的权力，则应承担相应的责任。

（6）协调统一的原则

组织机构下属各部门之间和人员之间应该互相协调，互相配合。

（7）精干高效的原则

管理层次的多少和人员编制的多少应该本着少而精的原则，应该选配高素质的人员，避免机构臃肿和人浮于事。

2. 消防安全组织的设置要求

法人单位的法定代表人或者非法人单位的主要负责人是本单位的消防安全责任人，对本单位的消防安全工作全面负责。分管具体工作的负责人对各自分管业务范围内的消防安全负直接责任。工作人员在各自业务范围（岗位）内承担相应责任。

消防安全重点单位应确定分管消防安全工作的负责人担任本单位的消防安全管理人。设有安全总监的单位，安全总监可以作为消防安全管理人。

消防安全重点单位应设置或者确定消防工作的管理职能部门，并确定专职或者兼职的消防管理人员。其他单位应确定专职或者兼职消防管理人员，可以确定消防工作的归口管理职能部门。归口管理职能部门和专兼职消防管理人员在消防安全责任人或者消防安全管理人的领导下开展消防安全管理工作。

鼓励消防安全重点单位、火灾高危单位聘请注册消防工程师、职业消防经理人、消防中介服务机构等提供专业消防安全管理服务。

3. 几种特殊的消防安全组织

（1）专职消防队

下列单位应建立企业专职消防队，承担本单位的火灾扑救和应急救援工作，并接受消防救援机构的统一指挥调度：

①大型核设施单位、大型发电厂、大型钢铁冶金厂、民用机场、主要港口。

②生产、储存易燃易爆危险品的大型企业。

③储备可燃的重要物资的大型仓库或基地。

④第一项、第二项、第三项规定以外的火灾危险性较大、距离公安消防队较远的其他大型企业。

⑤距离消防救援站较远、被列为全国重点文物保护单位的古建筑群的管理单位。

企业专职消防队的选址、建筑、车辆装备、器材和人员配备，以及执勤训练管理应符合有关要求。

（2）微型消防站

消防安全重点单位应按照要求建立微型消防站，并在建成后向辖区消防救援机构备案。

微型消防站站房器材应符合下列要求：

①微型消防站应设置人员值守、器材存放等用房，可与消防控制室合用；有条件的，可单独设置。

②微型消防站应根据扑救初起火灾需要，配备一定数量的灭火器、水枪、水带等灭火器材；配置外线电话、手持对讲机等通信器材；有条件的站点可选配消防头盔、灭火防护服、防护靴、破拆工具等器材。

③微型消防站应在建筑物内部和避难层设置消防器材存放点，可根据需要在建筑之间分区域设置消防器材存放点。

④有条件的微型消防站可根据实际选配消防车辆。

微型消防站人员配备应符合下列要求：

①微型消防站人员配备不少于6人。

②微型消防站应设站长、副站长、消防员、控制室值班员等岗位，配有消防车辆的微型消防站应设驾驶员岗位。

③站长应由单位消防安全管理人兼任，消防员负责防火巡查和初起火灾扑救工作。

④微型消防站人员应当接受岗前培训，培训内容包括扑救初起火灾业务技能、防火巡查基本知识等。

（3）志愿消防队

其他单位应当根据需要，建立志愿消防队等多种形式的消防组织。志愿消防队队员的数量不应少于本场所从业人员数量的30%。志愿人员在接到火警出动信息后应迅速集结，组织人员疏散并参加初起火灾处置。

（4）工艺处置队

易燃易爆危险化学品企业除应按照要求建立专职消防队或微型消防站外，还应建立工艺处置队，负责配合灭火救援力量处置泄漏、火灾、爆炸等事故。

（5）区域联防组织

商业集中区、化工园区、商贸物流园区等同类企业相对集中的区域应当建立设有固定办公场所的消防安全区域联防联勤组织。消防安全联防成员单位应当选择熟悉消防法律法规及消防安全管理工作、具有初起火灾处置熟练技能的人员作为联防人员。联防小组设组长、副组长各一名，组长、副组长由联防小组全体成员选举产生，可以实行轮值制。

三、消防安全职责

单位应落实逐级和岗位消防安全责任制，明确逐级和岗位消防安全职责，确定各级、各岗位的消防安全责任人员、责任范围和考核标准等事项。

1. 单位消防安全职责

（1）一般单位消防安全职责

单位应当履行下列消防安全职责：

①落实逐级和岗位消防安全责任制，制定本单位的消防安全制度、消防安全操作规程。

②按照国家标准、行业标准配置消防设施、器材，设置消防安全标志、标识，并定期组织对消防设施、器材进行维护保养及检测，确保完好有效，维护保养记录应当存档备查。

③保障疏散通道、安全出口、消防车通道畅通，保证防火防烟分区、防火间距符合消防技术标准。

④定期组织防火检查，及时消除火灾隐患。

⑤制定灭火和应急疏散预案，每半年至少组织一次有针对性的消防演练。

⑥开展经常性的消防安全宣传教育和培训。

⑦加强用火、用电、用油、用气的管理。

⑧履行法律法规规定的其他消防安全职责。

（2）消防安全重点单位职责

符合消防安全重点单位界定标准的单位应报当地消防救援机构备案，消防安全重点单位除履行一般单位的职责外，还应当履行下列消防安全职责：

①确定消防安全管理人和消防安全管理机构并报消防救援机构。

②建立消防档案，确定消防安全重点部位，设置防火标志，实行严格管理。

③实行每日防火巡查，建立巡查记录并存档。

④对职工进行岗前消防安全培训，定期组织全员消防安全培训和消防演练。

⑤建立消防安全例会制度，处理涉及消防安全的重大问题，研究、部署、落实本单位的消防安全工作计划和措施。

⑥每年对本单位的消防安全状况至少组织一次消防安全评估。

⑦按要求参加消防救援机构组织的消防工作例会、上报相关信息，每半年将消防安全管理情况报消防救援机构备案。

（3）具备隶属关系的上级单位职责

具备隶属关系的上级单位除应履行自身消防安全职责外，还应当对所属单位消防安全实施全程监管和系统管理，承担指导、监督、检查和管理责任。

①指导下级单位建立健全消防安全责任制度以及保障消防安全职责落实的制度措施。

②定期组织对所属单位进行消防安全评估，适时开展消防安全检查，督促消除火灾隐患，协助下级单位整改无能力解决的火灾隐患。

③督促所属单位开展防火巡查检查、消防安全培训教育、灭火和应急疏散演练等日常消防安全管理工作。

④定期召开消防安全例会，部署消防安全工作。

⑤掌握下级单位消防安全职责落实情况。

⑥每年对下级单位消防安全管理工作进行综合考核并实施奖惩。

（4）多产权、多使用权建筑管理职责

①建筑物的消防安全由业主负责。同一建筑物有两个以上业主的，业主对各自专有部分的消防安全负责；对专有部分以外的共有部分，应共同负责。

②建筑业主可以委托物业服务企业或者其他管理人对共用的消防车通道、疏散通道、安全出口和建筑消防设施进行统一管理。

③业主自行管理建筑物及其附属设施的，应当制定消防安全管理公约，明确管理组织或者人员，对建筑物的消防安全实行统一管理。

④实行承包、租赁或者委托经营管理的，所有权人提供的建筑物或者场所应当符合消防安全要求。

⑤承包、承租或者受委托经营管理的单位或者个人应当接受统一管理，在其使用、管理范围内履行消防安全职责。

（5）单位举办大型活动的消防安全职责

举办灯会、集会、焰火晚会以及展览、展销等具有火灾危险的大型活动的主办单位、承办单位以及提供场地的单位，应在订立的合同中明确各方的消防安全责任，承办单位的主要负责人为大型活动的消防安全责任人。

（6）施工现场消防安全职责

①建筑工程施工现场的消防安全由施工单位负责。实行施工总承包的，由总承包单位负责。分包单位向总承包单位负责，服从总承包单位对施工现场的消防安全管理。

②对建筑物进行局部改建、扩建和装修的工程，建设单位应与施工单位在订立的合同中明确各方对施工现场的消防安全责任，未明确各方消防安全责任的由建设单位承担责任。

③单位委托有专业资质的单位进行危险场所动火作业、建（构）筑物拆除、大型检修等危险作业时，应当在作业前与受委托方签订消防安全管理协议明确各方消防安全职责。单位应对受委托方消防安全工作进行统一协调管理。

（7）微型消防站职责

①结合值班安排和在岗情况确定队员，合理选择站房位置，按照标准及单位实际配备灭火、通信器材及车辆装备。

②制定值班备勤、器材维护、防火巡查、教育培训、训练演练等制度，明确各岗位工作职责并督促其落实。

③加强对微型消防站队员的业务技能和消防安全知识培训，组织队员常态开展灭火救援技能训练和消防演练。

④安排微型消防站队员分班次开展防火巡查，及时发现并消除火灾隐患。

⑤利用广播、视频、橱窗、黑板报、内部刊物、班组会议，向员工宣传普及消防常识，提示岗位火灾危险和消防安全操作规程。

⑥发生火灾时，组织疏散人员并参与处置初起火灾。

（8）区域联防联勤组织职责

①贯彻执行消防法律法规，掌握成员单位消防安全状况。

②制定联防小组值班轮巡、安全互查、定期会商、救援互助等工作制度，明确成员单位联防工作职责并督促其落实。

③督促成员单位实施日常消防安全管理工作，积极整改存在的火灾隐患。

④每月组织召开会议研究解决区域内消防安全问题，交流消防安全管理工作经验，商讨重大火灾隐患整改办法，研究改善本区域消防安全状况的措施。

⑤每季度至少开展一次消防安全互查，督促整改火灾隐患，共同提升消防安全管理水平。

⑥每半年至少开展一次消防知识、操作技能的宣传教育和培训，至少组织一次灭火和应急疏散预案演练。

⑦掌握本联防小组成员单位灭火救援力量和器材装备情况，发生火灾事故时，组织成员单位实施联合扑救，发挥协同作战合力。

2. 消防安全人员职责

（1）消防安全责任人职责

①贯彻执行消防法律法规，保障场所消防安全符合规定，掌握本单位的消防安全情况。

②将消防工作与本单位的生产、科研、经营、管理等活动统筹安排，批准实施单位年度消防工作计划。

③保障本单位防火巡查检查、消防设施器材维护保养、火灾隐患整改，专职消防队、微型消防站、志愿消防队建设等消防安全工作所需资金的投入。

④按规定建立单位专职消防队、微型消防站或志愿消防队，并配备相应的消防器材、装备和药剂。

⑤确定逐级消防安全责任，批准实施消防安全管理制度和保障消防安全的操作规程。

⑥建立消防安全例会制度，定期部署消防安全工作。

⑦组织防火检查，督促整改火灾隐患，及时处理涉及消防安全的重大问题。

⑧针对本单位的实际情况组织制定灭火和应急疏散预案，并实施演练。

⑨落实单位内部的消防安全工作奖惩。

（2）消防安全管理人职责

①拟订年度消防安全工作计划，组织实施日常消防安全管理工作。

②组织制订消防安全制度和保障消防安全的操作规程并督促落实。

③拟订消防安全工作的资金投入和组织保障方案。

④组织实施防火检查，督促整改火灾隐患。

⑤组织实施对本场所消防设施、器材和消防安全标志的维护保养，确保完好有效和处于正常运行状态，确保疏散通道和安全出口畅通。

⑥组织管理专职消防队、微型消防站或志愿消防队。

⑦组织从业人员开展消防知识、技能教育和培训，组织灭火和应急疏散预案的实施和演练。

⑧定期分析研判单位消防安全形势并向消防安全责任人报告，提出加强消防安全工作的意见和建议，及时报告涉及消防安全的重大问题。

⑨组织单位内部消防安全管理情况考评，提请消防安全责任人进行奖惩。

⑩完成消防安全责任人委托的其他消防安全管理工作。

未确定消防安全管理人的，上述消防安全管理工作由单位消防安全责任人负责实施。

（3）专、兼职消防安全管理人员职责

①根据年度消防工作计划，开展日常消防安全管理工作。

②督促落实消防安全制度和消防安全操作规程。

③实施防火检查和火灾隐患整改工作。

④检查消防设施、器材和消防安全标志状况，督促维护保养。

⑤开展消防知识、技能宣传教育和培训。

⑥组织专职消防队、微型消防站或志愿消防队开展训练和演练。

⑦筹备消防安全例会内容，落实会议纪要或决议。

⑧及时向消防安全管理人报告消防安全情况。

⑨单位消防安全管理人委托的其他消防安全管理工作。

（4）部门消防安全责任人职责

①组织实施本部门的消防安全管理工作计划。

②根据本部门的实际情况开展消防安全教育与培训，制订消防安全管理制

度，落实消防安全措施。

③按照规定开展防火巡查、检查，管理消防安全重点部位，维护管辖范围的消防设施、器材。

④及时发现和消除火灾隐患，不能立即消除的，应采取相应防范措施并及时向消防安全管理人报告。

⑤发现火灾及时报警，并组织人员疏散和初期火灾扑救。

（5）消防控制室值班员职责

①熟悉和掌握消防控制室设备的功能及操作规程，保障消防控制室设备的正常运行。

②对火警信号立即确认，确认真实火灾后立即拨打119并按下用户信息传输装置（传输设备）手动报警按钮报火警，启动消防设施，同时按要求向单位消防安全责任人或管理人报告火情。

③对故障报警信号及时确认，排除故障，不能排除的应立即向主管人员或消防安全管理人报告。

④不间断值守岗位，对消防设施联网监测系统监测中心的查岗等指令及时应答，做好火警、故障和值班等记录。

（6）消防设施操作维护人员职责

①熟悉和掌握消防设施的功能和操作规程。

②定期对消防设施进行检查，保证消防设施处于正常运行状态，确保所有阀门处于正确位置。

③发现故障及时排除，不能排除的及时向消防安全管理人报告。

④督促消防设施维护保养机构履行维保合同中确定的各项内容。

（7）保安人员职责

①按照本单位的管理规定进行防火巡查，并做好记录，发现问题应及时报告。

②发现火灾及时通知周边人员，拨打119报火警并报告主管人员，参与实施灭火和应急疏散预案，协助灭火救援。

③劝阻和制止违反消防法规和消防安全管理制度的行为。

④接到消防控制室指令后，对有关报警信号及时确认。

（8）专职消防队、微型消防站、志愿消防队队员职责

①熟悉单位基本情况、灭火和应急救援疏散预案、消防安全重点部位及消防设施及器材设置情况。

②参加消防业务培训及消防演练，熟悉消防设施及器材、安全疏散路线和场所火灾危险性、火灾蔓延途径，掌握消防设施及器材的操作使用方法与引导疏散技能。

③定期开展灭火救援技能训练，加强与辖区消防救援机构的联勤联动，掌握常见火灾特点、处置方法及防护措施。

④发生火灾时，积极参加扑救火灾、疏散人员、保护现场等工作。

⑤根据单位安排，参加日常防火巡查和消防宣传教育。

（9）员工职责

①严格执行消防安全管理制度、规定及安全操作规程。

②接受消防安全教育培训，掌握消防安全知识和逃生自救能力。

③保护消防设施器材，保障消防车通道、疏散通道、安全出口畅通。

④班前班后检查本岗位工作设施、设备、场地，发现隐患及时排除并向上级主管报告。

⑤熟悉本单位及自身岗位火灾危险性、消防设施及器材、安全出口的位置，积极参加单位消防演练，发生火灾时，及时报警并引导人员疏散。

⑥指导、督促顾客遵守单位消防安全管理制度，制止影响消防安全的行为。

（10）电气焊工、电工、易燃易爆化学物品操作人员职责

①严格执行消防安全制度和操作规程，履行审批手续。

②严格落实相应作业现场的消防安全措施，保障消防安全。

③发生火灾后应在实施初起火灾扑救的同时立即报火警。

四、消防安全制度和操作规程

单位消防安全管理应按照消防法律法规，结合本单位实际情况，建立健全各项消防安全制度和保障消防安全的操作规程，由消防安全责任人批准后公布实施，并根据单位实际情况的变化及时修订。单位应当建立消防安全考核机制，加强消防安全责任制落实情况的监督考核，保证各项规章制度的落实。

1. 消防安全制度及要点

（1）消防工作情况报告制度

每半年将消防安全管理情况报当地消防救援机构备案。消防工作情况报告应包括：

①单位基本概况和消防安全重点部位情况。

②消防管理组织机构和各级消防安全责任人。

③各种消防安全制度、操作规程的制定和执行情况。

④火灾隐患及其整改情况。

⑤消防设施及器材的维护保养及运行情况。

⑥消防安全培训情况。

⑦灭火和应急预案以及演练情况。

⑧火灾情况和其他需要报告的情况。

（2）消防安全例会制度

应包括会议召集、人员组成、会议频次、议题范围、决定事项、会议记录等要点。

（3）消防组织管理制度

应包括组织机构及人员、工作职责、例会、教育培训、活动要求等要点。

（4）消防安全宣传和教育培训制度

应包括责任部门、责任人和职责、频次、宣传和培训形式、培训对象（包括特殊工种及新员工）、培训要求、培训内容、考核办法、情况记录等要点。

（5）防火巡查、检查和火灾隐患整改制度

应包括责任部门、责任人和职责、检查频次、参加人员、检查部位、内容和方法、火灾隐患认定、处置和报告程序、整改责任和防范措施、情况记录等要点。

（6）消防（控制室）值班制度

应包括责任范围、责任部门、责任人和职责、突发事件处置程序、报告程序、工作交接、值班人数和要求、消防设施故障处置、情况记录等要点。

（7）安全疏散设施管理制度

应包括责任部门、责任人和职责、安全疏散部位、设施检测和管理要求、情况记录等要点。

（8）燃气、电气设备和用火用电安全管理制度

应包括责任部门、责任人和职责、设施登记、特殊工种资格、动火审批程序、临时用电审批程序、检查部位和内容、检查工具、发现问题处置程序、情况记录等要点。

（9）消防设施及器材维护管理制度

应包括责任部门、责任人和职责、设备登记、保管及维护管理要求、情况记录等要点。

（10）消防安全重点部位管理制度

应包括消防安全重点部位及其责任部门、责任人和职责、管理要求、事故应急处置操作程序、事故处置记录等要点。

（11）灭火、应急疏散预案演练制度

应包括预案制定和修订、责任部门、组织分工、演练频次、范围、演练程序、注意事项、演练情况记录、演练后的小结与评价等要点。

（12）志愿消防组织管理制度

应包括志愿消防队组织形式、人员比例、活动频次、训练要求、情况记录等内容。

（13）微型消防站管理制度

应包括职责职能、人员组成、日常管理、执勤训练、装备配备、装备使用保养及补充维修、情况记录等内容。

（14）消防区域联防管理制度

应包括单位参与的消防区域联防组织的类型、成员单位、联络员组成、职责职能、联防互查、消防宣传、活动频次和活动记录等内容。

（15）消防安全工作考评和奖惩制度

应包括责任部门、责任人、考评目标、内容和办法、奖惩办法等要点。

（16）其他消防安全制度

单位还应根据实际情况制定其他必要的消防安全制度。

2. 有关操作规程

单位应制定下列保障消防安全的操作规程：

（1）消防设施操作和维护保养规程。

（2）变配电室操作规程。

（3）电气线路、设备安装操作规程。

（4）燃油燃气设备使用操作规程。

（5）电气焊和明火作业操作规程。

（6）特定设备的安全操作规程。

（7）火警处置规程。

（8）火灾事故善后处理规程。

（9）其他必要的消防安全操作规程。

3. 消防安全管理措施

1）一般规定

公众聚集场所营业前，应向当地消防救援机构申报营业前的消防安全检查，取得相应的消防行政许可手续后，方可开业或者使用。

单位场所实施修改、扩建及装修、维修工程时，应与施工单位在订立合同中按照有关规定明确各方对施工现场的消防安全管理责任。

单位应当将容易发生火灾、一旦发生火灾可能严重危及人身和财产安全以及对消防安全有重大影响的部位确定为消防安全重点部位，设置明显的防火标志，实行严格管理。

2）火源管理

单位应建立用火用电用气消防安全管理制度，并应明确用火用电用气管理的责任部门和责任人。

用火用电用气设备应由具有职业资格的人员负责安装和维修，作业中应严格执行安全操作规程，明确用火动火的审批范围、程序和要求以及电气焊工的岗位资格及其职责要求等内容。

（1）用火安全管理

①需要动火施工的区域与使用、营业区之间应进行防火分隔。

②电气焊等明火作业前，实施动火的部门和人员应按照制度规定办理动火审批手续，清除易燃可燃物，配置灭火器材，落实现场监护人和安全措施，在确认无火灾、无爆炸危险后方可动火施工，作业完毕后，应清理作业现场，熄灭余火和飞溅的火星，并及时切断电源。

③禁止在具有火灾、爆炸危险的场所使用明火，因特殊情况需要进行电气焊明火作业的，应符合有关规定要求。

④人员密集场所禁止在营业时间进行动火施工。

⑤室内场所严禁燃放烟花焰火，不得进行以喷火为内容的表演。

⑥人员密集场所不应使用明火照明或取暖，如特殊情况需要时应有专人看护。

⑦炉火烟道等取暖设施与可燃物之间应采取防火隔热措施。

（2）用电安全管理

①采购电气电热设备，应选用合格产品，并应符合有关安全标准的要求。

②电气线路敷设、电气设备安装和维修应由具备职业资格的电工操作。

③不得随意乱接电线，擅自增加用电设备。

④电器设备的高温部位靠近可燃物时应采取隔热、散热等防火保护措施。

⑤定期进行防雷检测，对电气线路设备应定期检查检测，严禁长时间超负荷运行。

⑥当电气线路发生故障时，应及时检查维修，排除故障后方可继续使用。

⑦单位场所营业结束时，应切断营业场所的非必要电源。

（3）用气安全管理

①单位场所燃气管路的设计与施工及燃气用具的安装、维护、保养、检测应委托具有相应资质的单位进行，设计安装需满足国家相关技术规范的要求，选择持有《燃气经营许可证》或《瓶装燃气供应许可证》的燃气供应单位供应燃气。

②按照有关规定安装可燃气体浓度探测报警装置和可燃气体紧急切断装置，并定期进行测试、记录，确保处于灵敏有效状态。

③严格落实燃气使用规定，使用合格正规的气源气瓶和符合国家标准的燃气器具，以及螺纹连接的不锈钢软管、调压阀等配件。

④禁止在不具备安全条件的场所使用、储存燃气；禁止在高层建筑以及地

下、半地下空间使用液化石油气；禁止在同一室内同时使用含燃气在内的两种以上燃料。

⑤使用瓶装压缩天然气的，应当按照规范要求设置独立的瓶组供气站，存放气瓶的房间严禁使用明火、堆放易燃易爆物品。

⑥厨房燃油、燃气管道应经常检查、检测和保养，油烟管道每季度应至少清洗一次。

3）火灾荷载管理

（1）单位场所应严格按照国家建设工程消防技术标准，采用防火墙、防火门、防火卷帘进行防火分隔，严禁擅自拆除防火分隔措施。

（2）建筑外墙设置的外装饰面或幕墙以及高层建筑竖向管道井，应按照规定要求采用防火封堵材料封堵。

（3）严禁采用夹芯材料燃烧性能低于 A 级的彩钢板作为室内分隔或搭建临时建筑。

（4）室内装修装饰材料要严格按照国家标准要求，选取相应燃烧性能等级的顶棚、墙面、地面装修材料、窗帘以及幕布。

（5）建筑内外保温系统保温材料燃烧性能应符合国家标准要求，严禁采用 B3 级保温材料。人员密集场所的建筑，其外墙保温材料的燃烧性能应为 A 级。

（6）建筑外墙的装饰层应采用燃烧性能为 A 级的材料；建筑高度不大于 50 m 时，可采用 B1 级材料。

（7）单位应当遵守国家有关规定，对易燃易爆危险物品的生产、使用、储存、销售、运输、销毁等环节实行严格的消防安全管理。人员密集场所严禁储存易燃易爆化学物品，确需使用的，应根据需要限量使用，存储量不应超过一天的使用量，且应由专人管理登记。

（8）库房内储存物资应严格按照设计单位划定的堆装区域线和核定的存放量储存；库房内储存物品应分类、分堆、限额存放；中间仓库的储量不应超过一昼夜的使用量；生产过程中的原料、半成品、成品应集中摆放，机电设备、消防设施周围 0.5 m 的范围内不得堆放可燃物。

（9）室外储存物品应分类、分组和分堆（垛）储存。室外储存场所的总储量以及与其他建筑物、铁路、道路、架空电力线的防火间距应符合相关规定。

（10）严禁在生产、经营、储存等场所设置人员居住场所，严禁在疏散通道、楼梯间内停放电动车或为其充电。

（11）举办促销、展览、演出等大型活动，应事先根据场所的疏散能力核定容纳人数。活动期间应对人数进行控制，采取防止超员的措施。

4）消防设施管理

（1）消防控制室管理

①消防控制室应制定消防控制室日常管理制度、值班员职责、接处警操作规程等工作制度。

②消防控制室应实行每日 24 h 专人值班制度，每班不应少于 2 人，值班人员应持有消防控制室操作职业资格证书。

③消防控制室值班人员应当在岗在位，认真记录控制器日运行情况，每日检查火灾报警控制器的自检、消音、复位功能以及主备电源切换功能，并按规定填写记录相关内容。

④正常工作状态下，报警联动控制器及相关消防联动设备应处于自动控制状态；若设置在手动控制状态，应有确保火灾报警探测器报警后，能迅速确认火警并将手动控制转换为自动控制的措施；严禁将自动喷水灭火系统设置在手动控制状态。

（2）建筑消防设施管理

①建筑消防设施的维护管理应符合《建筑消防设施的维护管理》（GB 25201—2010）等的有关要求。

②建筑消防设施的管理应当明确主管部门和相关人员的责任，建立完善的管理制度。

③禁止使用不合格以及国家明令淘汰的消防产品。对消防设施及器材建立档案资料，记明配置类型、数量、设置部位、检查及维修单位（人员）、更换药剂时间等有关情况。

④建筑消防设施投入使用后，应保证其处于正常运行或准工作状态，不得擅自关停或长期带故障工作。需要维修时，应采取相应的措施，维修完成后，应立即恢复到正常运行状态。

⑤定期对建筑消防设施及器材进行巡查、单项检查、联动检查，做好维护保养。

⑥消防安全重点单位每日应进行一次建筑消防设施、器材巡查，其他单位每周应至少进行一次。建筑消防设施巡查应明确各类建筑消防设施、器材巡查部位和内容。

⑦建筑消防设施电源开关、管道阀门均应指示正常运行位置，并标识开关的状态；对需要保持常开或常闭状态的阀门，应当采取铅封、标识等限位措施。

⑧每年对建筑消防设施至少进行一次全面检测，每月至少进行一次维护保养，确保完好有效。

⑨建立建筑消防设施及器材故障报告和故障消除的登记制度。发生故障，

应当及时组织修复。因故障、维修等原因，需要暂时停用系统的，应当经单位消防安全责任人批准，系统停用时间超过 24 h 的，应同时报消防救援机构备案，并采取有效措施确保安全。

（3）灭火器管理

①灭火器铭牌应保持完整清晰，保险销和铅封保持完好，压力指示区保持在绿区；灭火器应避免日光暴晒和强辐射热等环境影响。灭火器应放置在不影响疏散、便于取用的明显部位，并摆放稳固，不应被挪作他用、埋压或将灭火器箱锁闭。

②对灭火器应加强日常管理和维护，每月至少进行一次检查，重点检查灭火器型号、压力值和维修期限，检查数量不小于总数量的 25%。

③存在机械损伤、明显锈蚀、灭火剂泄露、被开启使用过或符合其他维修条件的灭火器应及时进行维修。

④应建立维护、管理档案，记明类型、数量、使用期限、部位、充装记录和维护管理责任人。

（4）其他消防设施管理

①依照国家建设工程消防技术标准不需要设置火灾自动报警系统和自动喷水灭火系统的单位，应安装独立式感烟火灾探测报警器和简易喷淋装置。

②大型人员密集场所、工业厂房、高层地下建筑和易燃易爆单位等电气火灾多发场所，应安装电气火灾监控系统。

③员工较多的单位（场所）应设置电动车集中充电停放点，集中充电停放点的选址和平面设计应符合相关要求，并配置必要的消防设施及器材。

5）安全疏散管理

（1）安全疏散管理制度的内容应明确消防安全疏散设施管理的责任部门和责任人，明确定期维护、检查的要求，确保安全疏散设施的管理要求。

（2）单位应确保疏散通道、安全出口畅通，禁止占用、堵塞疏散通道和楼梯间。

（3）人员密集场所在使用和营业期间不应锁闭疏散通道、安全出口的门。

（4）封闭楼梯间、防烟楼梯间的防火门应保持完好；门上应有正确启闭状态的标识，保证其正常使用。

（5）常闭式防火门应经常保持关闭；需要经常保持开启状态的防火门，应保证其火灾时能自动关闭；自动和手动关闭的装置应完好有效。

（6）平时需要控制人员出入或设有门禁系统的疏散门，应有保证火灾时人员疏散畅通的可靠措施。

（7）安全出口、疏散门不得设置门槛和其他影响疏散的障碍物，且在其1.4 m 范围内不应设置台阶。

（8）应急照明灯、应急疏散指示标志应保持完好有效，发生损坏时应及时维修更换。

（9）消防安全标志应完整清晰，且不应被遮挡。

（10）安全出口、公共疏散走道上不应安装栅栏、卷帘门。

（11）人员密集场所外墙门窗不应设置影响逃生和灭火救援的障碍物，窗户或阳台不得设置金属栅栏，确需设置的，应能从内部易于开启。

（12）人员密集场所应在各楼层的明显位置张贴安全疏散指示图，指示图上应标明疏散路线、安全出口、人员所在位置和必要的文字说明。

6）消防安全标识管理

（1）一般规定

①单位应当实行标识化管理，通过规范运用标志、标识、标牌等可视载体，实现消防安全管理各个环节可视化、规范化。

②标识传达的信息应清晰简洁，可采用文字或图例表述，标识颜色应当醒目并区别于四周装修材料颜色，且应设置在明显部位。

③消防安全标识的制作、消防安全标识设置位置应符合《消防安全标志》（GB 13495.1—2015）和《消防安全标志设置要求》（GB 15630—1995）等文件的相关规定。

（2）提示性标识

①疏散通道、安全出口、消防车通道、消防车登高作业场地、水泵接合器、消防控制室、消防水泵房、配电房、消防电梯、消防安全重点部位及专职消防队、微型消防站、志愿消防队等应当设置显示设施和部位名称的标识。

②灭火器、室内消火栓、防火卷帘、常闭式防火门、消防泵、备用发电机、室外消火栓、水泵接合器、报警阀、消火栓和自动喷淋等消防设施器材应当设置简易操作说明、维护保养责任人、管道阀门的常开常闭状态等内容的标识。

③储油间，变配电室，锅炉房，发电机房，厨房，化学实验室，药剂室，可燃物资仓库和堆场，存放易燃易爆化学物品的生产、充装、储存、供应、销售单位，以及粮棉、木材、百货等物资仓库和堆场明显位置应制作储存物品标识牌，标识储存主要物品的火灾危险性和基本扑救方法。

④宾馆、饭店的客房、商场、医院病房和公共娱乐场所的包房等公共场所的房间内、楼层应设置安全疏散路线图。

（3）禁止性标识

①安全出口、疏散通道、疏散楼梯、防火卷帘、消火栓、消防车道、登高作业场地、灭火救援窗口等应当设置禁止堵塞、占用、圈占和停放车辆等内容的标识。

②具有甲、乙、丙类火灾危险的生产厂区、厂房、储罐、堆场等部位及入口处应设置禁止烟火、禁止带火种、禁止使用手机等标志。

③存放遇水燃烧、爆炸的物质或用水灭火会对周围环境产生危险的地方应设置"禁止用水扑救"标志。

④在旅馆、饭店、商场（店）、影剧院、医院、图书馆、档案馆（室）、候车（船、机）室大厅、车、船、飞机和其他公共场所有明确禁止吸烟规定的，应设置"禁止吸烟"等标志。

（4）引导性标识

①消防水池、消防码头、消防取水点、市政消火栓、消防车回车场地、水泵接合器、室外消火栓等消防设施及器材点周围应设置消防安全引导性标识。

②引导性标识应通过柱式、地面箭头或满足视觉连续的间断布置等附着式方式，引导指向一定距离以外的消防设施设置点。

4. 防火巡查和检查

1）一般规定

单位应对执行消防安全制度和落实消防安全管理措施的情况进行防火巡查和检查，确定防火巡查和检查的人员、内容、部位、时段、频次，如实填写巡查和检查记录，巡查和检查人员及其主管人员应在记录上签名。

单位应配备防火巡查和检查所必需的消防设施检查器材，定期做好维护保养。

微型消防站队员或保安应结合值班情况参加防火巡查和检查，及时纠正违章行为，妥善处置火灾危险，无法当场处置的，应当立即报告；发现火灾应当立即报警并及时扑救。

2）防火巡查

消防安全重点单位应当每日进行防火巡查，其他单位可以根据需要组织防火巡查。

公众聚集场所在营业期间的防火巡查应当至少每两小时一次；营业结束时应当对营业现场进行检查，消除遗留火种。火灾高危单位、医院、养老院、寄宿制的学校、托儿所、幼儿园应当加强夜间防火巡查，且不应少于两次，其他单位可以结合实际组织夜间防火巡查。

火灾高危单位防火巡查应采用电子巡更设备，鼓励其他单位采用电子巡更系统。

防火巡查的内容应当包括：

（1）用火、用电有无违章情况。

（2）安全出口、疏散通道是否畅通，安全疏散指示标志、应急照明是否完好。

（3）消防设施及器材和消防安全标志是否在位，是否完整。

（4）常闭式防火门是否处于关闭状态，防火卷帘下是否堆放物品影响使用。

（5）疏散楼梯间的防火门是否完好，构件是否齐全。

（6）应处于自动状态的建筑消防设施是否处于自动状态。

（7）避难层（间）是否被占用。

（8）消防安全重点部位的人员在岗情况。

（9）其他消防安全情况。

3）防火检查

机关、团体、事业单位应当至少每季度进行一次防火检查，其他单位应当至少每月进行一次防火检查。举办展览、展销、演出等大型群众性活动前，单位必须开展一次全面防火检查。

防火检查应包括下列主要内容：

（1）火灾隐患整改及防范措施落实情况。

（2）安全出口和疏散通道、疏散指示标志、应急照明情况。

（3）消防车通道、消防车登高操作场地、消防水源状况。

（4）灭火器材配置及有效情况。

（5）建筑消防设施运行情况。

（6）用火用电有无违章情况。

（7）重点工种人员及其他员工消防知识掌握情况，特种作业人员持证上岗情况。

（8）消防安全重点部位的管理情况。

（9）消防控制室值班情况、消防设施运行情况及相关记录。

（10）防火巡查开展情况。

（11）消防安全标志标识的设置和是否完好有效情况。

（12）电气、燃气设施设备的日常维护保养及检测情况。

（13）易燃易爆危险物品场所防火、防爆和防雷措施的落实情况。

（14）楼板、防火墙和竖井孔洞、外墙保温层等重点防火分隔部位的封堵情况。

（15）厨房的排油烟管道清洗情况。

（16）微型消防站、专职（志愿）消防队管理运行情况。

（17）其他需检查的内容。

建筑消防设施检查委托具有相关资质的单位进行全面测试的，应出具检测报告，存档备查。

5. 火灾隐患整改

1）一般规定

对巡查、检查发现的火灾隐患，应立即整改消除并应记录存档备查；不能立即整改的，应向单位消防安全管理人或消防安全责任人报告。

消防安全管理人或消防安全责任人应组织对报告的火灾隐患进行认定，明确火灾隐患整改责任部门、责任人、期限，并落实整改资金。

整改完毕后，负责整改的部门或人员应逐级上报至消防安全管理人，消防安全管理人应对整改情况进行确认。对未能及时整改火灾隐患的个人或部门，应根据相关管理规定实施奖惩。

对消防救援机构责令限期改正的火灾隐患和重大火灾隐患，应在规定的期限内改正。整改完毕后，单位应及时向消防救援机构提交书面复查申请。

在火灾隐患整改期间，单位应采取必要的临时性防范措施，保障消防安全。

2）整改要求

对下列违反消防安全规定的行为，单位应当责成有关人员当场改正并督促落实：

（1）违章进入生产、储存易燃易爆危险物品场所的。

（2）违章使用明火作业或者在具有火灾或爆炸危险的场所吸烟、使用明火等违反禁令的。

（3）将安全出口上锁、遮挡，或者占用、堆放物品影响疏散通道畅通的。

（4）消火栓、灭火器材被遮挡影响使用或者被挪作他用的。

（5）常闭式防火门处于开启状态，防火卷帘下堆放物品影响使用的。

（6）消防设施管理、值班人员和防火巡查人员脱岗的。

（7）违章关闭消防设施、切断消防电源的。

（8）其他可以当场改正的行为。

重大火灾隐患不能立即整改的，应自行将危险部位停产停业整改。

对于涉及城市规划布局而不能自身解决的重大火灾隐患，应提出解决方案并及时向上级主管部门或当地人民政府报告。

五、消防宣传教育和培训

1. 一般规定

单位应当通过张贴图画、消防刊物、视频、网络、举办消防文化活动等形式开展经常性的消防安全宣传教育，定期组织参观当地消防站、消防科普教育基地。

单位应利用广播、视频、橱窗、黑板报等有针对性地向公众宣传消防安全和逃生自救常识。

单位应当至少每年进行一次全员消防安全培训；公众聚集场所对员工的消防安全培训应当至少每半年进行一次。

单位应当组织新上岗和进入新岗位的员工进行上岗前的消防安全培训。未经消防安全教育培训合格的，不得上岗。

学校应将消防安全教育纳入新生军训、假期社会实践活动、夏令营等，鼓励学生当好消防宣传志愿者。

建立包括消防安全培训记录、影像资料、试卷等内容的档案，并及时更新、存档备查。单位应适时组织消防安全知识和技能考核，检查培训效果。

2. 消防宣传教育、培训内容

（1）消防宣传教育、培训应包括下列主要内容：

①火灾燃烧常识、有关消防法规、消防安全管理制度、保证消防安全的操作规程等。

②本单位、本岗位的火灾危险性和防火措施。

③穿戴消防防护装备、建筑消防设施、灭火器材的性能、使用方法和操作规程。

④报火警、扑救初起火灾、应急疏散和自救逃生的知识、技能。

⑤本场所的安全疏散路线，引导人员疏散的程序和方法等。

⑥灭火和应急疏散预案的内容和操作程序。

（2）员工经培训后，应懂得本岗位的火灾危险性、预防火灾措施、火灾扑救方法、火场逃生方法，会报火警119、会穿消防服、会戴防护装备、会使用灭火器材、会扑救初期火灾、会组织人员疏散。

（3）下列人员应接受消防安全专门培训：

①单位消防安全管理人员。

②专兼职消防安全管理人员。

③消防控制室的值班人员和操作人员。

④建筑消防设施的检查维修检测人员。

⑤特殊工种人员。

六、灭火和应急疏散预案与演练

1. 灭火和应急疏散预案

单位应根据建筑规模、员工人数、使用性质、火灾危险性等实际情况，制订有针对性的灭火和应急疏散预案（以下简称预案）。火灾高危单位应根据需要聘请消防安全评估机构对预案进行评估论证。

预案应向单位全体员工公布，每名员工应熟悉预案内容，掌握自身职责。

灭火和应急疏散预案的内容应当包括下列内容：

（1）单位基本情况、重点部位的危险特性、周边环境、消防水源等基本情况。

（2）组织机构，包括灭火行动组、通信联络组、疏散引导组、安全防护救护组。

（3）报警和接警处置程序。

（4）应急疏散的组织程序和措施。

（5）扑救初起火灾的程序和措施。

（6）通信联络、安全防护救护的程序和措施。

2. 消防演练

消防安全重点单位应按照预案，至少每半年进行一次演练，并结合实际，不断完善预案。其他单位应结合本单位实际，参照制定相应的方案，至少每年组织一次演练。

单位应选择人员集中、火灾危险性较大和重点部位作为消防演练的目标，根据实际情况，确定火灾模拟形式。消防演练方案可以报告当地消防救援机构，获得业务指导。

消防演练前，应事先通知场所内的从业人员和顾客或使用人员积极参与，并在显著位置设置"消防演练中"的标志牌进行公告。

模拟消防演练中应落实火源及烟气的控制措施，防止造成人员伤害。

演练结束后，应将消防设施恢复正常运行状态。

火灾高危单位应适时与当地消防救援站组织联合消防演练。

建立包括演练方案、影像资料、演练小结、预案改进意见等内容的档案，存档备查。

七、火灾事故处置

确认火灾发生后，起火单位应立即启动灭火和应急疏散预案，专职消防队、微型消防站、志愿消防队在岗队员立即出动，疏散建筑内所有人员，扑救初期火灾，并报火警。属于消防安全区域联防范围的其他单位应立即组织人员前往起火单位协助进行火灾处置。

火灾扑灭后，应按照消防救援机构的要求保护现场，统计火灾损失，接受事故调查，查找有关人员，如实提供火灾事实的情况。

未经消防救援机构允许，任何个人不得擅自进入火灾现场保护范围内，不得擅自移动火场中的任何物品，不得擅自清理火灾现场。

应做好火灾伤亡人员及其亲属的安排、善后事宜，补偿外单位扑救火灾所损耗的燃料、灭火剂和器材及装备等。

火灾调查结束后，应及时总结火灾事故教训，研究制定防范措施，改进消防安全管理。对火灾扑救中作出突出贡献的人员，及时给予表彰奖励；对有关责任人应当进行追查处理，教育全体员工。

八、信息化管理

1. 消防设施联网监测系统

设有消防控制室的单位应当安装用户信息传输装备（传输设备），将建筑消防设施运行状态信息实时传输到消防设施联网监测系统监测中心。

联网单位应当在消防设施联网监测系统中录入单位、每栋建筑、建筑消防设施、消防安全管理人员等基础信息，并对消防设施部件进行标注。未设置消防控制室的高层建筑应在系统中录入基础信息。

联网单位应每月在系统中录入消防控制室值班表，消防控制室值班人员应严格落实值班制度，对监测中心的查岗指令及时应答；确认发生真实火警时第一时间按下传输装置的火灾报警按钮，同时拨打 119 报警。

联网单位应每天登录消防设施联网监测系统查看本单位消防设施运行情况，对监测中心推送的火灾报警、联网故障信息及时进行确认处理，并及时反馈处理结果。

联网单位应当对消防联动控制设备、联网监测设备进行经常性维护，保证系统正常运行。

2. 单位消防安全管理系统

消防安全重点单位应主动运行单位消防安全管理系统，结合本单位实际录入单位基本情况、消防安全管理制度及职责、消防安全组织及人员、建筑及消防设施等基础信息。上述信息发生变更时，应及时更新。

单位应及时将防火巡查检查、消防控制室值班、消防安全培训、灭火和应急预案演练、建筑消防设施维护保养等日常消防管理工作记录录入单位消防安全管理系统。

3. 其他信息化管理

鼓励单位运用物联网、大数据、移动互联网等前沿信息技术，建立单位消防安全管理平台，使用二维码、NFC 等技术方法，以信息化手段明确单位消防安全管理要求，固化管理内容、标准及程序，实名制管理消防安全管理人员，实现单位消防安全规范化、精细化管理。

鼓励单位运用先进技术手段定期评估单位消防安全管理情况，对评估发现的问题及时采取针对性措施进行整改，促进单位消防安全动态化、精准化管理。

鼓励单位运用消防安全信息系统、微媒体加强沟通联系，互相借鉴经验做法。

九、消防档案

1. 一般规定

消防安全重点单位应当建立健全消防档案。消防档案应当包括消防安全基本情况和消防安全管理情况。消防档案内容（包括图表）应详实、准确、不遗漏，应根据变化及时更新和完善。

单位利用消防安全管理信息系统建立电子档案并实时录入、更新且保证数据永久保存的，可不建立纸质档案。

2. 档案内容

（1）消防安全基本情况

消防安全基本情况应至少包括下列内容：

①单位基本概况和消防安全重点部位情况。

②建筑物或者场所消防审核、验收、消防安全检查、整改通知等法律文书。

③消防安全管理组织机构和各级消防安全责任人。

④消防安全制度和消防安全操作规程。

⑤消防设施、灭火器材情况。

⑥专职消防队、志愿消防队、微型消防站队员及其消防装备配备情况。

⑦与消防安全有关的重点工种人员情况。

⑧新增消防产品、防火材料的检验、合格证明材料。

⑨消防安全疏散图示、灭火和应急疏散预案。

（2）消防安全管理情况

消防安全管理情况应至少包括下列内容：

①消防设施检查、自动消防设施测试、维修保养记录。

②火灾隐患及其整改情况记录。

③防火检查、巡查记录。

④电气设备检查、检测（包括防雷、防静电）等记录。

⑤消防宣传教育、培训记录。

⑥灭火和应急疏散预案的演练记录。

⑦火灾情况记录。

⑧消防奖惩情况记录。

⑨消防救援机构填发的各种法律文书。

（3）档案保管

属于消防安全重点单位的应确定消防档案信息录入维护和保管人员。单位应当对消防档案统一保管备查。

流动保管的巡查记录等档案台账，交接班时应有交接手续，不应缺页。流动档案应保存在营业场所的现场。可根据实际需要，适时集中保存。

重要的技术资料、图纸、审核验收和消防安全检查等法律文书等应永久保存。

第三章　特殊场所消防安全管理

近年来，随着经济发展与城市化进程的加快，集购物、餐饮、娱乐等功能为一体的商业综合体建筑在全国各地兴起，并呈现快速增长的趋势。一些知名大型商业综合体，已成为城市的品牌和名片。然而，这些土地集约、功能聚合、特性复杂的经济聚集体，在代表城市生活方式的同时，也带来了很大的消防安全隐患。为规范和加强城市商业综合体的消防安全工作，本章根据《大型商业综合体消防安全管理规则（试行）》和《大型商业综合体火灾风险指南和火灾风险检查指引》的规定，从落实消防安全责任、加强日常消防安全管理、强化重点部位和典型场所管理、完善消防档案台账等方面，着力提升单位消防安全管理水平，积极预防火灾事故，降低和减轻火灾事故损失。

第一节　消防资料档案

一、消防安全管理制度、保障消防安全操作规程

消防安全管理人应根据单位实际情况拟定消防安全管理制度、保障消防安全操作规程、灭火和应急疏散预案，经消防安全责任人签发后公布实施。消防安全管理制度包括以下内容：消防工作检查考核，消防安全管理经费和组织保障，消防安全工作例会，防火检查和火灾隐患整改，年度消防工作计划编制，经营、维修、改建、扩建等活动中的消防安全管理，专职消防队或志愿消防队组建训练，消防档案管理等。

明确消防安全责任人、消防安全管理人，设立消防安全工作归口管理部门，建立健全消防安全管理制度，逐级细化明确消防安全管理职责和岗位职责。

消防安全责任人应当由产权单位、使用单位的法定代表人或主要负责人担任。消防安全管理人应当由单位聘任或由消防安全责任人指定批准。

当委托物业服务企业等单位提供消防安全管理服务，应当在委托合同中约定具体服务内容。在订立承包、租赁、委托管理等合同时，应当明确各方消防安全责任。

有两个以上产权单位、使用单位的，应当明确一个产权单位、使用单位，或者共同委托一个委托管理单位作为统一管理单位，并明确统一消防安全管理人，对共用的疏散通道、安全出口、建筑消防设施和消防车通道等实施统一管

理，同时协调指导各单位共同做好消防安全管理工作。

二、消防档案管理

产权单位、使用单位和委托管理单位应建立消防档案管理制度，明确消防档案管理的责任部门和责任人，以及消防档案的制作、使用、更新及销毁等要求。

消防档案应同时建立纸质档案和电子档案。消防档案应包括消防安全基本情况和消防安全管理情况，内容应翔实，能够全面地反映消防工作的基本情况，并附有必要的图样图表。消防档案应由专人统一管理，按档案管理要求装订成册，并按年度进行分类归档。

1. 消防档案中的消防基本情况应至少包括下列内容：

（1）建筑的基本概况和消防安全重点部位。

（2）建筑消防设计审查、消防验收和特殊消防设计文件及采用的相关技术措施等材料。

（3）场所使用或者开业前消防安全检查的相关资料。

（4）消防组织和各级消防安全责任人。

（5）相关消防安全责任书和租赁合同。

（6）消防安全管理制度和消防安全操作规程。

（7）消防设施和器材配置情况。

（8）专职消防队、志愿消防队（微型消防站）等自防自救力量及其消防装备配备情况。

（9）消防安全管理人、消防设施维护管理人员、电气焊工、电工、消防控制室值班人员、易燃易爆化学物品操作人员的基本情况。

（10）新增消防产品、防火材料的合格证明材料。

（11）灭火和应急疏散预案。

2. 消防档案中的消防安全管理应至少包括下列内容：

（1）消防安全例会记录或决定。

（2）住房和城乡建设主管部门、消防救援机构填发的各种法律文书及各类文件、通知等要求。

（3）消防设施定期检查记录、自动消防设施全面检查测试的报告、维修保养的记录以及委托检测和维修保养的合同。

（4）火灾隐患、重大火灾隐患及其整改情况记录。

（5）消防控制室值班记录。

（6）防火检查、巡查记录。

（7）有关燃气、电气设备检测等记录资料。

（8）消防安全培训记录。

（9）灭火和应急疏散预案的演练记录。

（10）火灾情况记录。

（11）消防奖惩情况记录。

第二节　消防安全责任

一、消防安全责任人履职情况

进行消防工作检查考核，保证各项规章制度落实；统筹安排本单位经营、维修、改建、扩建等活动中的消防安全管理工作，批准年度消防工作计划定期召开消防安全工作例会，研究本单位消防工作，处理涉及消防经费投入、消防设施和器材购置等重大问题，研究、部署、落实本单位消防安全工作计划和措施；定期组织防火检查，督促整改火灾隐患；依法建立专职消防队或志愿消防队，并配备相应的消防设施和器材；组织制定灭火和应急疏散预案，并定期组织实施演练。

二、消防安全管理人履职情况

拟订年度消防安全工作计划，组织实施日常消防安全管理工作；组织制订消防安全管理制度和消防安全操作规程，并检查督促落实；拟订消防安全工作的资金投入和组织保障方案；建立消防档案，确定本单位的消防安全重点部位，设置消防安全标识；组织实施防火巡查、检查和排查火灾隐患整改工作；组织实施对本单位消防设施和器材、消防安全标识的维护保养，确保其完好有效和处于正常运行状态，确保疏散通道、安全出口、消防车道畅通；组织本单位员工开展消防知识技能的教育和培训，拟定灭火和应急疏散预案，组织灭火和应急疏散预案的实施和演练；管理专职消防队或志愿消防队，组织开展日常业务训练和初起火灾扑救；定期向消防安全责任人报告消防安全状况，及时报告涉及消防安全的重大问题；完成消防安全责任人委托的其他消防安全管理工作。

三、综合体内的经营、服务人员履职情况

确保自身的经营活动不更改或占用经营场所的平面布置、疏散通道和疏散路线，不妨碍疏散设施及其他消防设施的使用；主动接受消防安全宣传教育培训，遵守消防安全管理制度和操作规程；熟悉本工作场所消防设施、器材及安全出口的位置，参加单位灭火和应急疏散预案演练；清楚了解本单位火灾危险性，会报火警、会扑救初起火灾、会组织疏散逃生和自救；每日到岗后及下班前应当检查本岗位工作设施、设备、场地、电源插座、电气设备的使用状态等，发现隐患及时排除并向消防安全工作归口管理部门报告；监督顾客遵守消防安全管理制度，制止吸烟、使用大功率电器等不利于消防安全的行为。

第三节　特殊场所消防安全管理制度

一、日常管理

1.灭火与应急疏散预案编制和演练情况

应当根据本单位人员、组织机构和消防设施的基本情况，为发生火灾时能够迅速有序在开展初期灭火和应急疏散，并为消防救援人员提供相关信息支持和支援，制定灭火和应急疏散预案。承租承包单位、委托经营单位等使用单位的应急预案应当与大型商业综合体整体应急预案相协调。总建筑面积大于10万平方米的大型商业综合体，应当根据需要邀请专家团队对灭火和应急疏散预案进行评估论证。

灭火和应急疏散预案应当至少包括下列内容：单位或建筑的基本情况、重点部位及火灾危险分析；火灾现场通信联络、灭火、疏散、救护、保卫等任务的负责人；火警处置程序；应急疏散的组织程序和措施；扑救初起火灾的程序和措施；通信联络、安全防护和人员救护的组织与调度程序和保障措施；灭火应急救援的准备。

单位应当根据灭火和应急疏散预案，至少每半年组织开展一次全要素消防演练。人员密集、火灾危险性较大和重点部位应当作为消防演练的重点，与周边的其他大型场所或建筑，宜组织协同演练。消防演练方案宜报告当地消防救援机构，接受相应的业务指导。总建筑面积大于10万平方米的大型商业综合体，应当每年与当地消防救援机构联合开展消防演练。

2.防火巡查检查和火灾隐患整改

单位应当建立防火巡查、防火检查制度，确定巡查和检查的人员、部位、内容和频次。

单位应当建立火灾隐患整改制度，明确火灾隐患整改责任部门和责任人、整改的程序和所需经费来源、保障措施。

产权单位、使用单位和委托管理单位应当定期组织开展消防联合检查，每月应至少进行一次建筑消防设施单项检查，每半年应至少进行一次建筑消防设施联动检查。

应当明确建筑消防设施和器材巡查部位和内容，每日进行防火巡查，其中旅馆、商店、餐饮店、公共娱乐场所、儿童活动场所等公众聚集场所在营业时间，应至少每两小时巡查一次，并结合实际组织夜间防火巡查。防火巡查应当采用电子巡更设备。

防火巡查和检查应当如实填写巡查和检查记录，及时纠正消防违法违章行为，对不能当场整改的火灾隐患应当逐级报告，整改后应当进行复查，巡查检查人员、复查人员及其主管人员应当在记录上签名。

发现火灾隐患，应当立即改正；不能立即改正的，应当报告大型商业综合体的消防安全工作归口管理部门。

消防安全管理人员或消防安全工作归口管理部门负责人应当组织对报告的火灾隐患进行认定，并对整改完毕的火灾隐患进行确认。在火灾隐患整改期间，应当采取保障消防安全的措施。

对重大火灾隐患和消防救援机构责令限期改正的火灾隐患，应当在规定的期限内改正，并由消防安全责任人按程序向消防救援机构提出复查或销案申请。

不能立即整改的重大火灾隐患，应当由消防安全责任人自行对存在隐患的部位实施停业或停止使用。

3. 消防安全宣传教育和培训

应当通过在主要出入口醒目位置设置消防宣传栏、悬挂电子屏、张贴消防宣传挂图，以及举办各类消防宣传活动等多种形式对公众宣传防火、灭火、应急逃生等常识，重点提示该场所火灾危险性、安全疏散路线、灭火器材位置和使用方法，消防设施和器材应当设置醒目的图文提示标识。

应当在公共部位的醒目位置设置警示标识，提示公众对该场所存在营业期间锁闭疏散门、封堵或占用疏散通道或消防车道、营业期间违规进行电焊气焊等动火作业或施工、营业期间违规进行建筑外墙保温工程施工、疏散指示标志错误或不清晰等违法行为有投诉举报的义务。

产权单位、使用单位和委托管理单位的消防安全责任人、消防安全管理人以及消防安全工作归口管理部门的负责人应当至少每半年接受一次消防安全教育培训，培训内容应当包括建筑整体情况，单位人员组织架构、灭火和应急疏散指挥架构，单位消防安全管理制度、灭火和应急疏散预案等。

从业员工应当进行上岗前消防培训，在职期间应当至少每半年接受一次消防培训。从业员工的消防培训应当包括下列内容：本岗位的火灾危险性和防火措施；有关消防法规、消防安全管理制度、消防安全操作规程等；建筑消防设施和器材的性能、使用方法和操作规程；报火警、扑救初起火灾、应急疏散和自救逃生的知识技能；本场所的安全疏散路线；引导人员疏散的程序和方法等；灭火和应急疏散预案的内容、操作程序。

消防档案管理情况档案应当包括下列内容：消防安全例会记录或决定；住房和城乡建设主管部门、消防救援机构填发的各种法律文书及各类文件、通知等要求；消防设施定期检查记录、自动消防设施全面检查测试的报告、维修保养的记录以及委托检测和维修保养的合同；火灾隐患、重大火灾隐患及其整改情况记录；消防控制室值班记录；防火检查、巡查记录；有关燃气、电气设备检测等记录资料；消防安全培训记录；灭火和应急疏散预案的演练记录；火灾情况记录；消防奖惩情况记录。

二、用火安全管理

应当建立用火、动火安全管理制度，并应明确用火、动火管理的责任部门和责任人以及用火、动火的审批范围、程序和要求等内容。电气焊工、电工、易燃易爆危险物品管理人员（操作人员）应当持证上岗，执行有关消防安全管理制度和操作规程，落实作业现场的消防安全措施。电工应当熟练掌握确保消防电源正常工作的操作和切断非消防电源的技能。严禁在营业时间进行动火作业。电气焊等明火作业前，实施动火的部门和人员应按照消防安全管理制度办理动火审批手续，并在建筑主要出入口和作业现场醒目位置张贴公示。动火作业现场应当清除可燃、易燃物品，配置灭火器材，落实现场监护人和安全措施，在确认无火灾、无爆炸危险后方可动火作业，作业后应当到现场复查，确保无遗留火种。需要动火施工的区域与使用、营业区域之间应进行防火分隔。建筑内严禁吸烟、烧香、使用明火照明，演出、放映场所不得使用明火进行表演或燃放焰火。

三、用电安全管理

采购电气、电热设备，应选用合格产品，并应符合有关安全标准的要求。电气线路敷设、电气设备安装和维修应当由具备相应职业资格的人员按国家现行标准要求和操作规程进行。不得随意乱接电线，擅自增加用电设备。电器设备的高温部位靠近可燃物时应采取隔热散热等措施。定期按操作规程清除电气设备及通风管道上的可燃粉尘和飞絮。电气线路、设备应定期检查检测，严禁超负荷运行。电气线路发生故障，应及时停用，并检查维修，排除故障后方可继续使用。电气设备、电动车等集中充电场所的配电回路应当设置与电气设备匹配的短路、过载保护装置。电缆井、管道井等竖向管井和电缆桥架应当在穿越每层楼板处采取可靠措施进行防火封堵，管井检查门应当采用防火门。电缆井、管道井等竖向管井禁止堆放杂物。严格贯彻执行防雷、防静电有关要求，加强对防雷防静电设施的管理、维护和检测。

第四节　重点部位、典型场所消防安全管理

一、基本要求

大型商业综合体的消防安全重点部位应当建立岗位消防安全责任制，明确

消防安全管理的责任部门和责任人，设置明显的提示标识，作为防火巡查检查重点对象，落实特殊防范和重点管控措施。

二、餐饮场所

餐饮场所宜集中布置在同一楼层或同一楼层的集中区域；餐饮场所严禁使用液化石油气及甲、乙类液体燃料；餐饮场所使用天然气作燃料时，应当采用管道供气；设置在地下且建筑面积大于 150 m² 或座位数大于 75 座的餐饮场所不得使用燃气；不得在餐饮场所的用餐区域使用明火加工食品，开放式食品加工区应当采用电加热设施；厨房区域应当靠外墙布置，并应采用耐火极限不低于 2 h 的隔墙与其他部位分隔；厨房内应当设置可燃气体探测报警装置，排油烟罩及烹饪部位应当设置能够联动切断燃气输送管道的自动灭火装置，并能够将报警信号反馈至消防控制室；炉灶、烟道等设施与可燃物之间应当采取隔热或散热等防火措施；厨房燃气用具的安装使用及其管路敷设、维护保养和检测应当符合消防技术标准及管理规定；厨房的油烟管道应当至少每季度清洗一次；餐饮场所营业结束时，应当关闭燃气设备的供气阀门。

三、儿童活动场所

儿童活动场所，包括儿童培训机构和设有儿童活动功能的餐饮场所，不应设置在地下、半地下建筑内或建筑的四层及四层以上楼层。设置在城市综合体建筑内的儿童活动场所应采用耐火极限不低于 1.5 h 的楼板和 2 h 的隔墙与商场部分隔开，采用耐火极限不低于 1 h 的楼板和 2 h 的隔墙与其他部位隔开，墙上必须设置的门、窗应采用乙级防火门、窗，并应满足各自不同工作或使用时间对安全疏散的要求。儿童活动场所安全出口不应少于两个。设置在单层建筑内时，宜设置单独的安全出口；设置在高层建筑内时，应设置独立的安全出口和疏散楼梯。

四、电影院、宾馆、商场、重要设备用房

1. 电影院

电影放映前，应当播放消防宣传片，告知观众防火注意事项、火灾逃生知识和路线；应采用耐火极限不低于 2 h 的不燃烧体隔墙和甲级防火门与其他部位隔开，查看放映室与其他部位之间的防火分隔是否完好有效。

每个防火分区至少应有 1 个独立的安全出口和疏散楼梯；查看与其他功能区公用的疏散楼梯，确保在商场等其他功能区停止营业后仍能直通室外。四层及以上楼层每个观众厅的疏散门不应少于 2 个。查看是否设置疏散示意图。

电影院内小卖部使用的电气设备与可燃物是否保持 0.5 m 以上的距离。

2. 宾馆

宾馆的客房内严禁使用大功率电热设备；应当配备应急手电筒、防烟面具等逃生器材及使用说明，楼层安全疏散示意图，醒目和耐久的"请勿卧床吸烟"提示牌；客房内的窗帘和地毯应当采用阻燃制品。

宾馆、饭店不能擅自改变防火分区、防火分隔，降低装修材料的燃烧性能等级等现象。

宾馆、饭店与商店等部位的防火分隔应完好有效，应满足各自不同工作或使用时间对安全疏散的要求。

建筑内通至安全出口和屋面的疏散楼梯间不应封堵、锁闭。各楼层的明显位置应设置安全疏散指示图，指示图上应标明疏散路线、安全出口、人员所在位置和必要的文字说明。安全出口、公共疏散走道上不应安装栅栏、卷帘门。

客房层应按照有关建筑火灾逃生器材及配备标准设置辅助疏散、逃生器材，并应有明显的标志。

平时需要控制人员出入或设有门禁系统的疏散门，火灾时应保证有人员疏散畅通的可靠措施。

外墙门窗、阳台等部位不应设置影响逃生和灭火救援的障碍物。

3. 商场

商场展厅内布展时用于搭建和装修展台的材料均应采用不燃和难燃材料，确需使用的少量可燃材料，应当进行阻燃处理。

营业厅内的主要疏散走道应直通安全出口，主要疏散走道的净宽度不应小于 3 m，其他疏散走道净宽度不应小于 2 m，当一层的营业厅建筑面积小于 500 m² 时，主要疏散走道的净宽度可为 2 m，其他疏散走道净宽度可为 1.5 m，疏散走道与营业区之间应在地面上设置明显的界线标识。

商品、货柜、摊位不应影响防火门、防火卷帘、室内消火栓、洒水喷头、机械排烟口、机械加压送风口、自然排烟窗、火灾探测器、手动火灾报警按钮、声光报警装置等消防设施的正常使用。其中，防火卷帘两侧各 0.3 m 范围内不应放置物品，并应用警戒标识线划定范围。

应采用耐火极限不低于 1.5 h 的不燃烧体楼板和不低于 2 h 的不燃烧体隔墙与综合体其他部位隔开。

防火分区的划分位置、面积不应改变。多层商场地上按 2 500 m² 为一个防火分区，地下按 500 m² 为一个防火分区。如商场设置有自动喷水灭火系统时，防火分区面积可增加一倍。商场如设置在一二级耐火等级的建筑内，且设有火灾自动报警系统、自动喷水灭火系统，采用不燃或难燃材料装修时，设置在高层建筑内的商场防火分区面积可扩大至 4 000 m²，设置在单层建筑或仅设置在多层建筑的首层时，商场防火分区面积可扩大至 10 000 m²，设置在地下的商场防火分区面积可扩大至 2 000 m²。

防火门的位置、类型不应改变。电梯间、楼梯间、自动扶梯等贯通上下楼层的孔洞，应采用防火门或防火卷帘进行分隔。管道井、电缆井每层检查口应安装丙级防火门，每层楼板处采用不低于楼板耐火极限的不燃材料或防火封堵材料封堵。

商场内的安全出口和疏散门应分散布置。每个防火分区或一个防火分区的每个楼层相邻两个安全出口最近边缘之间的水平距离不应小于 5 m。营业厅内任何一点至最近安全出口的直线距离不应大于 37.5 m，且行走距离不应大于 45 m。当疏散门不能直通室外地面或疏散楼梯间时，应采用长度不大于 10 m 的疏散走道通至最近的安全出口。当设置自动喷水灭火系统时，营业厅内任一点至最近安全出口的安全疏散距离可分别增加 25%。安全出口、疏散门净宽度不应小于 0.9 m。

商场内的疏散门应采用向疏散方向开启的平开门，不应采用推拉门、卷帘门、吊门、转门和折叠门。商场直接对外的安全出口或通向楼梯间的疏散门净宽度不应小于 1.4 m，不应设置门槛，紧靠门口内外各 1.4 m 范围内不应设置踏步。不宜在商场的窗口、阳台等部位设置封闭的金属栅栏，当必须设置时，应有从内部易于开启的装置。窗口、阳台等部位宜根据其高度设置适用的辅助疏散逃生设施。各楼层的明显位置应设置安全疏散指示图，指示图上有疏散路线、安全出口、人员所在位置和必要的文字说明。安全出口不应被堵塞、占用、锁闭等。

营业厅的安全疏散不应穿越仓库。当必须穿越时，应设置疏散走道，并采用耐火极限不低于 2 h 的隔墙与仓库分隔。

走道应简捷，并按规定设置疏散指示标志和应急照明灯具。尽量避免设置袋型走道。走道上方不应设置影响人员疏散的管道、门垛等突出物，走道中的门应向疏散方向开启。主要疏散走道的净宽度不应小于 3 m，其他疏散走道净宽度不应小于 2 m；当一层的营业厅建筑面积小于 500 m² 时，主要疏散走道的净宽度可为 2 m，其他疏散走道净宽度可为 1.5 m。疏散走道在防火分区处应设置常开甲级防火门。商场室外疏散通道的净宽度不应小于 3 m，并应直接通向宽敞地带。疏散通道不应被堵塞、占用等，应保持畅通。有顶的步行街、中庭应仅供人员通行，严禁设置店铺摊位、游乐设施及堆放可燃物。

大型商业综合体平时需要控制人员随意出入的安全出口、疏散门或设置门禁系统的疏散门，应当保证火灾时能从内部直接向外推开，并应当在门上设置"紧急出口"标识和使用提示。可根据实际需要选用以下方法之一或其他等效的方法：（1）设置安全控制与报警逃生门锁系统，其报警延迟时间不应超过

15 s；（2）设置能远程控制和现场手动开启的电磁门锁装置，且与火灾自动报警系统联动；（3）设置推闩式外开门。

商场内的疏散楼梯的形式不应改变，通向楼梯间的乙级防火门应完好有效，常闭式防火门的标识是否清晰完好。

大型商业综合体内商场的装饰装修应当符合下列要求：

商场地下营业厅的顶棚、墙面、地面以及售货柜台、固定货架应采用 A 级装修材料，隔断、固定家具、装饰织物应采用不低于 B1 级的装修材料。

附设在单层、多层建筑内的商场：每层建筑面积大于 1 500 m² 或总建筑面积大于 3 000 m² 的商场营业厅装修材料，其顶棚应采用 A 级装修材料，墙面、地面、隔断、固定家具、窗帘、帷幕和其他装饰材料均应采用 B1 级装修材料。每层建筑面积小于等于 1 500 m² 或总建筑面积小于等于 3 000 m² 的商场营业厅，其顶棚采用 A 级装修材料，墙面、地面、隔断、窗帘应采用不低于 B1 级的装修材料。其他商场营业厅，其顶棚、墙面、地面应采用不低于 B1 级的装修材料。当商场装有自动灭火系统时，除顶棚外，其内部装修材料的燃烧性能等级可降低一级；当同时装有火灾自动报警装置和自动灭火系统时，其顶棚装修材料的燃烧性能等级可降低一级，其他装修材料的燃烧性能等级可不限制。

附设在高层建筑内的商场：每层建筑面积大于 1 500 m² 或总建筑面积大于 3 000 m² 的商场营业厅装修材料，其顶棚应采用 A 级装修材料，墙面、地面、隔断、固定家具、窗帘、帷幕和其他装饰材料均应采用 B1 级装修材料。每层建筑面积小于等于 1 500 m² 或总建筑面积小于等于 3 000 m² 的商场营业厅，其顶棚采用 A 级装修材料，墙面、地面、隔断、窗帘应采用不低于 B1 级的装修材料。除附设在 100 m 以上的高层建筑内的商场，当同时装有火灾自动报警装置和自动灭火系统时，除顶棚外，其内部装修材料的燃烧性能等级可降低一级。

要现场抽查核实商场具有防火性能要求的装修材料符合国家标准或者行业标准的证明文件、出厂合格证，同时应随机抽查装修部位，核对装修材料；对没有证明文件和出厂合格证的，根据需要现场取样后送具有资质的检测机构进行防火性能检测。节假日期间开展消防监督检查时，应重点核查营业厅是否增设了可燃、易燃装饰材料、临时柜台等。

4. 消防水泵房

应采用耐火极限不低于 2 h 的隔墙和 1.5 h 的楼板与其他部位隔开。应采用甲级防火门。出口应直通室外或直通安全出口。泵房内应设置应急照明，时间和照度应满足正常工作要求。

消火栓泵、喷淋泵及水泵控制柜上是否设有明显标识；通过水泵控制柜逐台启动消火栓泵、喷淋（含水幕喷淋）泵、水炮泵，查看能否正常工作；通过消防控制室远程启动消火栓泵和喷淋泵，查看能否正常启动，启泵信号能否传送到消防控制室。泵房与消防控制室之间通过消防电话通话应正常。

抽取其中一台水泵控制柜，将开关设置为"1主2备""自动"运行模式，打开水泵测试阀门，模拟系统管网泄水，待电接点压力表指针下降到启泵位时，1#泵自动投入运行；按下水泵控制柜内1#泵组热保护继电器，2#泵自动运行，运行灯点亮；松开热保护继电器，2#泵停止运行，1#泵投入运行。

打开双电源自动切换控制柜，按下"手动/自动"切换按钮，拉动"常用"手柄，指针指向"R合"，观察备用电源投运情况；拉动"常用"手柄，指针指向"N合"，观察常用电源投运情况。

5. 消防水池与高位水箱

通过消防控制室的水位显示仪查看水池存水量，现场查看水池标志、水位计（或浮球或池内水位）、溢流管、通气孔，判断水池存水量是否达到要求；查看补水设施是否有效；消防水池是否设有确保消防用水不被他用的措施。

现场查看水位计或打开水箱盖板，检查水位是否达到设计要求，检查消防水箱浮球控制阀功能是否正常，检查水箱自动补水功能是否完好，出水管上控制阀是否常开。水箱间设置的应急照明、消防电话是否符合要求，是否存放有影响水箱安全或检修的杂物。

6. 配电室

油浸式变压器室与其他部位之间应采用耐火极限不低于2 h的不燃烧体隔墙和1.5 h的不燃烧体楼板隔开。在隔墙和楼板上不应开设洞口，当必须在隔墙上开设门窗时应设甲级防火门窗。

变压器室之间、变压器室与配电室之间应采用耐火极限不低于2 h的不燃烧体墙隔开。

油浸式变压器下面应设置储存变压器全部油量的事故储油设施。

检查配电室工作人员对配电设备的检查维护记录，查看配电室内是否有违反操作规程作业及吸烟、堆放杂物的现象，配电室内的消防器材是否齐全有效，是否设有应急照明，配电室内是否有防水和防小动物钻入的设施。

配电室内建筑消防设施设备的配电柜、配电箱应当有区别于其他配电装置的明显标识，配电室工作人员应当能正确区分消防配电和其他配电线路，确保火灾情况下消防配电线路正常供电。

7. 锅炉房、柴油发电机房

燃气、燃油锅炉房与其他部位之间是否采用耐火极限不低于1.5 h的楼板和2 h的不燃烧体隔墙隔开，隔墙上的防火门窗等是否完好；锅炉房内设置的储油间的总储存量不应大于1 m³，储油间与锅炉间分隔的耐火极限不小于

3 h 的防火隔墙、甲级防火门应保持完好。

查看锅炉房开设的泄压口或设置的金属爆炸泄压板等是否被破坏或改变。查看是否已选用防爆型灯具和电器。燃气锅炉房是否已设置可燃气体浓度探测器并与锅炉燃烧器上的燃气速断阀、供气管道的紧急切断阀联动。燃气锅炉房的通风换气装置应与可燃气体浓度探测装置联动控制。

燃气、燃油锅炉房设置的独立通风系统的换气能力应符合有关规定：（1）燃气作燃料，通风换气能力不应小于 6 次 / 时，事故状态下 12 次 / 时；（2）燃油作燃料，通风换气能力不应小于 3 次 / 时，事故状态下 6 次 / 时。

燃油锅炉房、燃气锅炉房应当设置可燃气体探测报警装置，并能够联动控制锅炉房燃烧器上的燃气速断阀、供气管道的紧急切断阀和通风换气装置。

柴油发电机房内设置的储油间总储存量不应大于 1 m³；柴油发电机房内的柴油发电机应当定期维护保养，每月至少启动试验一次，确保应急情况下正常使用。

8. 消防控制室

消防控制室标志是否醒目完好；通向室外的出口或通道是否畅通，开向建筑内的门是否采用乙级防火门并保持完好；消防控制室内设备布置是否符合要求；室内是否存在与其无关的电气线路、管路通过；火灾应急照明是否满足正常工作需要；直接拨打"119"火警电话的外线电话是否配置到位并能正常使用。

消防控制室人员实行 24 h 专人值班制度，每班不少于 2 人；值班人员须通过消防特有工种职业技能鉴定，持有中级技能等级以上消防设施操作员职业资格证书。应按要求填写《消防控制室值班记录》，对火灾报警控制器进行每日检查；值班期间做到每 2 h 记录一次消防设备运行情况；交接班记录规范。

检查各项规章制度是否健全并悬挂上墙，主要包括：消防控制室基本技术标准、消防控制室值班人员职责、消防控制室管理制度、消防控制室规范化管理标准、建筑自动消防设施维护管理制度、火灾事故紧急处理程序流程图等。

检查火灾报警控制器、消防联动控制器、可燃气体报警控制器、电气火灾自动报警系统是否设在"自动"状态，是否存在报故障、火警、动作反馈、屏蔽等情况，是否了解存在相关现象的原因。检查控制柜上的启动按钮是否有明显标识。按下打印机自检按钮，检查控制柜打印设备是否正常。消防设施打印记录应当粘贴到消防控制室值班记录上备查。CRT 图形显示装置是否处于正常工作状态。查看是否按要求设置了远程监控系统。操作火灾报警控制器自检装置，观察控制器火灾报警声、光信号；切断火灾报警控制器的主电源，备用电源自动投入运行，电源故障指示灯亮；切断运行的火灾报警控制器备用电源，系统自动转为主电源运行，电源故障指示灯熄灭。

模拟火灾报警、监管报警、故障报警信号，检查当班人员处理程序是否规范；当班人员能否正确拨打火警电话；能否熟练操作消防应急广播系统；能否熟练自动或手动启停消防控制设备。询问值班人员，查看应急处置程序是否已落实到位。

检查建筑竣工总平面布局图，建筑消防设施平面布置图、系统图、火灾自动报警系统编码表等资料，结合现场检查情况，核查是否相符。

9. 汽车库

汽车库不得擅自改变使用性质和增加停车数，汽车坡道上不得停车，汽车出入口设置的电动起降杆，应当具有断电自动开启功能；电动汽车充电桩的设置应当符合《电动汽车分散充电设施工程技术标准》（GB/T 51313—2018）的相关规定。

10. 电动自行车停放充电场所

室外电动自行车停车场场地边界与建筑物外墙门、窗、洞口等开口部位，以及安全出口之间最近边缘的水平间距不应小于 6 m。当建筑物外墙保温或装饰材料燃烧性能等级低于 B1 级时，电动自行车停车场场地边界与建筑物外墙之间最近边缘的水平间距不应小于 6 m。

室外电动自行车停车场停车位数量大于 200 辆时，停车场出入口应不少于两个，两个出入口之间的距离不应小于 5 m，出入口净宽度不应小于 2 m。停车场应划线限定停车场范围，停车位应分组布置，每组长度不宜大于 25 m，组与组之间应设置间距不小于 2 m 的隔离带，或采用高度不低于 1.5 m、耐火极限不低于 1 h 的不燃烧体隔墙分隔。

供电动自行车充电设备的末级配电箱，其出线回路应设置电气防火限流式保护器。电动自行车充电柜应具备充满自动断电、定时断电、充电故障自动断电、过载保护、短路保护、漏电保护功能，并宜具备充电故障报警、功率监测、高温报警、实时记录充电数据等功能。电动自行车停放充电场所内不应出现接线板等移动式接线装置，每个插座箱内不应超过四个插座。

第五节　消防救援力量建设和管理

一、建设要求

1. 专职消防队

大型核设施单位、大型发电厂、民用机场、主要港口；生产、储存易燃易爆危险品的大型企业；储备可燃的重要物资的大型仓库、基地和建筑面积大于50 万 m² 的大型商业综合体应当设置专职消防队，承担本单位的火灾扑救工作。单位专职消防队的建设要求应当符合现行国家标准的规定。

2. 志愿消防队

人员密集场所根据需要建立志愿消防队，志愿消防队员的数量不应少于本场所从业人员数量的 30%。志愿消防队的值班人数应保证白天和夜间扑救初起火灾的需要。

机关、团体、企业、事业等单位以及村（居）民委员会应根据需要建立志愿消防队等多种形式的消防组织，开展群众性的自防自救工作。

3. 微型消防站

消防安全重点单位应建立微型消防站。

二、设置标准

未建立单位专职消防队的大型商业综合体应当组建志愿消防队，并以"3 分钟到场"扑救初起火灾为目标，依托志愿消防队建立微型消防站，并根据本场所火灾危险性特点，配备一定数量的灭火、通信、个人防护等消防（车辆）器材装备，选用合格的消防产品器材装备，合理设置消防（车辆）器材装备存放点。微型消防站每班（组）灭火处置人员不应少于 6 人，且不得由消防控制室值班人员兼任。

微型消防站宜设置在建筑内便于操作消防车和便于队员出入部位的专用房间内，可与消防控制室合用。为大型商业综合体建筑整体服务的微型消防站用房应当设置在建筑的首层或地下一层，为特定功能场所服务的微型消防站可根据其服务场所位置进行设置。微型消防站应当具备与其配置人员和器材相匹配的训练、备勤和器材储存用房及消防车专用车位。

大型商业综合体的建筑面积大于或等于 20 万 m² 时，应当至少设置两个微型消防站。设置多个微型消防站时，微型消防站应当根据大型商业综合体的建筑特点和便于快速灭火救援的原则分散布置。从各微型消防站站长中确定一名总站长，负责总体协调指挥。

微型消防站由大型商业综合体产权单位、使用单位和委托管理单位负责日常管理，并宜与周边其他单位微型消防站建立联动联防机制。

三、管理和培训

专职消防队和微型消防站应当制定并落实岗位培训、队伍管理、防火巡查、值守联动、考核评价等管理制度，确保值守人员 24 h 在岗在位，做好应急出动准备。

专职消防队和微型消防站应当组织开展日常业务训练，不断提高扑救初起火灾的能力。训练内容包括体能训练、灭火器材和个人防护器材的使用等。微型消防站队员每月技能训练不少于半天，每年轮训不少于4天，岗位练兵累计不少于7天。

专职消防队和微型消防站的队员应当熟悉建筑基本情况、建筑消防设施设置情况、灭火和应急疏散预案，熟练掌握建筑消防设施、消防器材装备的性能和操作使用方法，落实器材装备维护保养，参加日常防火巡查和消防宣传教育。

接到火警信息后，队员应当按照"3分钟到场"要求赶赴现场扑救初起火灾，组织人员疏散，同时负责联络当地消防救援队，通报火灾和处置情况，做好到场接应，并协助开展灭火救援。

第四章　建筑防火和消防设施检查

消防检查是根据法律、法规、规章和有关规定组织开展，主要目的是通过对单位在建筑防火、消防设施和消防安全管理等方面进行检查，发现存在的消防安全违法行为和火灾隐患，指导整改火灾隐患，完善消防安全管理措施，落实单位消防安全主体责任，提高单位消防安全管理水平。

建筑防火包括建筑物的合法性、建筑的使用情况、总平面布局、平面布置、安全疏散和消防电梯、建筑内部装修、防火构造、通风空调系统、建筑防爆、配电线路及应急照明。

消防设施包括消防供配电设施、火灾自动报警系统、消防给水设施、消火栓系统、自动喷水灭火系统、泡沫灭火系统、气体灭火系统、防排烟系统、消防应急照明和疏散指示系统、防火分隔设施、消防电梯和灭火器等。

第一节　总平面布局与平面布置

一、总平面布局

核查建设工程消防验收文书或备案文书、公众聚集场所投入使用、营业消防安全检查法律文书，建筑物或场所的使用功能、用途与文书记载是否一致。

依据建筑防火设计要求，实地测量建筑与周围相邻建筑、构筑物的距离，高层民用建筑之间不应小于 13 m；高层民用建筑与裙房和单层、多层一二级耐火等级的民用建筑之间不应小于 9 m；裙房之间、裙房与一二级耐火等级的单层、多层民用建筑之间，以及一二级耐火等级的单层、多层民用建筑之间不应小于 6 m。涉及三、四级耐火等级的单层、多层民用建筑，防火间距还要相应增加，并符合规范要求。

核对施工图纸，查看有无擅自搭建的临时建筑占用防火间距。既有建筑周边扩建附属用房或两幢建（构）筑物之间不应存在扩建屋顶、雨棚、围栏，堆放可燃物，设置封闭连廊等改变或占用防火间距的情况。

二、灭火救援设施与建筑外墙保温

建筑四周不得违章搭建建筑，不得占用防火间距、消防车道、消防车登高操作场地，禁止在消防车道、消防车登高操作场地设置停车泊位、构筑物、固定隔离桩等障碍物，禁止在消防车道上方、登高操作面设置妨碍消防车作业的架空管线、广告牌、装饰物、树木等障碍物。

高层建筑，超过 3 000 个座位的体育馆，超过 2 000 个座位的会堂、占地面积大于 3 000 m² 的商店建筑、展览建筑等单、多层公共建筑，甲、乙、丙类厂房和占地面积超过 1 500 m² 的乙、丙类仓库，应设置环形消防车道。确有困难时，可沿建筑的两个长边设置消防车道。消防车道靠建筑外墙一侧的边缘距离建筑外墙不宜小于 5 m，不大于 10 m，车道净宽度和净高度不应小于 4 m，消防车道坡度不宜大于 8%。

高层建筑应至少沿一个长边或周边长度的 1/4 且不小于一个长边长度的底边连续布置消防车登高场地。登高操作场地的长度和宽度分别不应小于 15 m 和 10 m。对于建筑高度大于 50 m 的建筑，场地的长度和宽度分别不应小于 20 m 和 10 m；当高度不大于 50 m 的建筑连续布置消防车登高操作场地确有困难时，可间隔布置，但间隔距离不宜大于 30 m。救援场地的坡度不宜大于 3%。

消防车登高操作场地相对应的位置，每层均应设置灭火救援窗，净高度和净宽度均不应小于 1 m，窗口下沿距室内地面不宜大于 1.2 m。该窗口间距不宜大于 20 m 且每个防火分区不应少于 2 个。建筑外墙上的灭火救援窗、灭火救援破拆口不得被遮挡，室内外的相应位置应当有明显标识。

户外广告牌、外装饰不得采用易燃可燃材料制作，不得妨碍人员逃生、排烟和灭火救援，不得改变或破坏建筑立面防火构造。

直升机停机坪设置在屋顶时，距离设备用房、共用天线等突出物不应小于 5 m，建筑通向停机坪的出口不应少于 2 个，每个出口的宽度不应小于 0.9 m，停机坪四周应设置航空障碍灯和应急照明设施，并设置消火栓。

对照图纸资料核查消防电梯数量和布置，检查其应符合下列要求：

应设置在不同防火分区，且每个防火分区不应少于 1 台；

应设置前室，前室面积不应小于 6 m²，前室短边不应小于 2.4 m；公共建筑防烟楼梯间合用的前室不应小于 10 m²；除出入口、送风口外和规范规定住户门外，不应开设其他门、窗、洞口。

消防电梯井、机房与相邻电梯井、机房之间应设置耐火极限不低于 2 h 的防火墙，防火墙上的门应采用甲级防火门；消防电梯的井底应设置排水设施，前室门口宜设置挡水设置。

消防电梯应具备每层停靠、载重不小于 800 kg、轿厢内装修应采用不燃材料、设置专用消防对讲电话、动力与控制电缆电线和控制面板应采用防水措施等功能。

室外消火栓不得被埋压、圈占，室外消火栓、消防水泵接合器两侧沿道路方向各 3 m 范围内不得有影响其正常使用的障碍物或停放机动车辆，20 m 范围内不应设置影响其正常使用的障碍物。消防车道、消防车登高操作场地、消防车取水口、消防水泵接合器、室外消火栓等消防设施应当设置明显的提示性和警示性标识。

设有建筑外墙保温系统的大型商业综合体，应当在主入口及周边相关醒目位置设置提示性和警示性标识，标示外墙保温材料的燃烧性能、防火要求。对大型商业综合体建筑外墙外保温系统破损、开裂和脱落的，应当及时修复。大型商业综合体建筑在进行外保温系统施工时，应当采取禁止或者限制使用该建筑的有效措施。禁止使用易燃、可燃材料作为大型商业综合体建筑外墙保温材料。禁止在其建筑内及周边禁放区域燃放烟花爆竹。禁止在其外墙周围堆放可燃物。对于使用难燃外墙保温材料且采用与基层墙体、装饰层之间有空腔的建筑外墙外保温系统的大型商业综合体建筑，禁止在其外墙动火用电。

三、平面布置

对照竣工图纸现场核查各楼层平面布置，其防火分区、使用性质不应改变；不应存在擅自加层或搭建、内部增加夹层；不应拆除或者损坏建筑内部防火墙、防火卷帘、防火门、防火窗等防火分隔设施；不应紧贴原有建筑外墙搭建或将两幢建筑通过搭建构筑物、连廊等擅自扩建。

除住建部门规定的不需办理消防设计审核验收的建设工程外，不应存在对场所进行二次室内外装修，在建筑外墙上设置保温材料，变更建筑用途等擅自改建的情况。

管道井、电缆井每层检查口是否安装丙级防火门，每层楼板处是否采用不低于楼板耐火极限的不燃材料或防火封堵材料封堵。管道井内部是否按照法律法规要求设置自动灭火系统。

建筑幕墙应在每层楼板外沿处设置高度不小于 1.2 m 的实体墙或宽度不小于 1 m 的防火挑檐，设置自动喷水灭火系统时，上下层开口之间实体墙高度不应小于 0.8 m。实体墙、防火挑檐和隔板的耐火极限和燃烧性能均不应低于相应耐火等级建筑外墙的要求。幕墙与每层楼板、隔墙处的缝隙应采用防火封堵材料封堵。

第二节　安全疏散与避难逃生设施管理情况

安全疏散设施包括疏散门、疏散走道、疏散楼梯、消防应急照明、疏散指示标志等设施以及消防过滤式自救呼吸器、逃生缓降器等安全疏散辅助设施。

一、安全疏散基本参数

对照建筑楼层平面图，现场核对各楼层使用功能，使用功能发生变化的，应根据建筑使用功能及其所需进行疏散人员的主要特征重新核定安全疏散人数、疏散宽度指标、疏散距离等。附设在建筑内的儿童活动场所、电影院等特殊功用的场所，是否设置独立的疏散楼梯。

二、疏散楼梯和安全出口

疏散楼梯的数量、形式不应改变。

通向楼梯间的乙级防火门应完好有效，常闭式防火门的标识清晰完好。楼梯间内墙上不应开设其他门窗洞口，楼梯间的顶棚、墙面和地面应采用不燃烧材料装修。疏散楼梯净宽度不应小于 1.1 m，高层商场的疏散楼梯净宽度不应小于 1.2 m。

楼梯间不应被封堵、占用或设置其他功能的场所，可开启外窗不应被固定或封堵。楼梯间栏杆、扶手应完好。楼层标志应完好醒目。

消防应急照明应完好有效。

疏散通道、安全出口应当保持畅通，禁止堆放物品、锁闭出口、设置障碍物；常用疏散通道、货物运送通道、安全出口处的疏散门采用常开式防火门时，应当确保在发生火灾时自动关闭并反馈信号。

常闭式防火门应当保持常闭，门上应当有正确启闭状态的标识，闭门器、顺序器应当完好有效。

商业营业厅、观众厅、礼堂等安全出口、疏散门不得设置门槛和其他影响疏散的障碍物，且在门口内外 1.4 m 范围内不得设置台阶。

疏散门、疏散通道及其尽端墙面上不得有镜面反光类材料遮挡、误导人员视线等影响人员安全疏散行动的装饰物，疏散通道上空不得悬挂可能遮挡人员视线的物体及其他可燃物，疏散通道侧墙和顶部不得设置影响疏散的凸出装饰物。

三、其他要求

楼层的窗口、阳台等部位不得有影响逃生和灭火救援的栅栏；安全出口、疏散通道、疏散楼梯间不得安装栅栏，人员导流分隔区应当有在火灾时自动开启的门或易于打开的栏杆。

除休息座椅外，有顶棚的步行街上、中庭内、自动扶梯下方严禁设置店铺、摊位、游乐设施，严禁堆放可燃物。

举办展览、展销、演出等活动时，应当事先根据场所的疏散能力核定容纳人数，活动期间应当对人数进行控制，采取防止超员的措施。

主要出入口、人员易聚集的部位应当安装客流监控设备，除公共娱乐场所、营业厅和展览厅外，各使用场所应当设置允许容纳使用人数的标识。

建筑内各经营主体营业时间不一致时，应当采取确保各场所人员安全疏散的措施。

平时需要控制人员随意出入的安全出口、疏散门或设置门禁系统的疏散门,应当保证火灾时能从内部直接向外推开,并应当在门上设置"紧急出口"标识和使用提示。可根据实际需要选用设置安全控制与报警逃生门锁系统,其报警延迟时间不应超过 15 s;设置能远程控制和现场手动开启的电磁门锁装置,且与火灾自动报警系统联动;设置推闩式外开门等有效方法。

第三节　建筑消防设施检查

一、消防给水和消火栓系统

消防水泵房应设置消防专用电话分机、应急照明灯;消防水泵应采用自灌式吸水;消防水泵有注明系统名称和编号的标志牌。进出口阀门常开,启闭标志牌正确;消防水泵的进出口应设压力表,显示正常;消防水泵及消防管道安装应牢固,无锈蚀。

消防水池、消防水箱容积应符合规范要求并保持水位正常,设置就地水位显示装置,消防水池补水设施应正常,寒冷地区应采取防冻措施。消防水箱出口阀门应常开并有明显标志,出水管上的止回阀应关闭严密。

稳压泵、气压水罐和稳压泵控制柜安装应牢固,运行平稳,无锈蚀;稳压泵控制柜应有双电源供电,指示灯显示应正常,并应处于自动状态;稳压泵启动、停止运行应正常,电接点压力表的压力设定值应符合设计要求;管网压力显示应正常;稳压泵进出口阀门应开启,并有明显标志。

消防水泵控制柜应有注明所属系统及编号的标志;应有双电源供电,处于自动状态,指示灯显示正常;手动启停消防水泵主泵和备用泵,应运行平稳;主、备消防泵应具有自动切换功能;消防控制室应能手动启动消防泵。消防水泵出水干管上设置的压力开关、高位消防水箱出水管上的流量开关等信号应直接自动启动,消防联动控制装置应能接收其反馈信号。

水泵接合器规格、数量、安装位置和阀门安装方式应符合设计要求。水泵接合器应设标明用途的明显标志并标明供水区域;控制阀应常开,且启闭灵活;组件应齐全完整,无锈蚀、堵塞或被水淹没等现象;寒冷地区防冻措施应完好。

室内外消火栓系统管网应畅通,阀门应常开;消火栓泵前后进出口管网压力应符合规范要求;低温地区管网应采取防冻措施。水泵接合器周围消防水源和操作场地是否完好;地下式水泵接合器还要检查井盖开启是否方便。必要时,用消防车移动供水设施对地下式水泵接合器进行供水试验。

消火栓规格、数量和设置位置应符合规范要求;消火栓不被遮挡、圈占和埋压;消火栓安装应牢固,组件完整,开关灵活,外观质量符合要求,无锈蚀,无漏水现象;消火栓压力符合规范要求。

消火栓箱安装应牢固，应有明显标志，箱内水带、水枪、栓口、手轮、启泵按钮、软管卷盘等组件齐全，箱门开关灵活；消火栓不应被遮挡、圈占；消火栓栓口的安装位置应能保证水带与栓口连接方便。安装高度、栓口朝向符合防火规范要求。检查各接口处是否渗漏。检查软管卷盘质量是否符合要求，转动是否灵活，供水阀门各连接处是否无渗漏。检查喷水情况是否正常，并进行测量。指导营业员使用软管卷盘。

按下启泵按钮，检查消火栓泵能否正常启动并将信号传送到消防控制室。又自选择一处消火栓，二类高层公共建筑、多层公共建筑的静水压力不应低于 0.07 MPa，一类高层公共建筑不应低于 0.1 MPa。测试栓口动压力不应大于 0.50 MPa，当大于 0.70 MPa 时应设置减压装置。

二、自动灭火系统

1. 自动喷水灭火系统

自动喷水灭火系统报警阀后的管道应采用内外壁热镀锌钢管，镀锌钢管应采用沟槽式连接（卡箍）或丝扣、法兰连接；配水干管、配水管应作红色或红色环圈标志；干式灭火系统和预作用系统配水干管最末端应设有电动阀和自动排气阀；水箱重力自流管接入系统管网的部位应符合规范要求。

报警阀组位置应便于操作，报警阀组周围无遮挡物，报警阀组附近有排水设施；报警阀组应有注明系统名称、保护区域的标志牌，压力表显示符合设定值；报警阀组进出口的控制阀应采用信号阀，不采用信号阀时，应用锁具固定阀位，阀门应常开并有标识；报警阀组件应完整可靠，连接应正确，阀门标识应正确，开闭状态应符合规范要求；水力警铃应设在有人值班地点的附近或走道；报警阀组在开启湿式报警阀试水阀时，报警阀启动功能符合规范要求；干式报警阀组气源设备及安装符合设计和规范要求，压力显示符合设定值；雨淋报警阀组配置传动管时，传动管的压力表显示符合设定值。

水流指示器应有明显标志；水流指示器前的信号阀应全开，并应反馈启闭信号。

喷头设置部位和类型应符合规范要求，干式系统喷头采用直立型喷头或干式下垂型喷头；喷头安装应牢固，无变形和附着物及悬挂物；喷头周围无遮挡物。

每套报警阀组应在最不利点处设置末端试水装置，其他防火分区、楼层均应设置试水阀，末端试水装置和试水阀应便于操作且有足够排水能力的排水设施；湿式自动喷水灭火系统功能开启末端试水装置，出水压力应符合规范要求。压力开关直接连锁自动启动喷淋泵，水流指示器、压力开关及消防水泵的启动和停止的动作信号应反馈至消防联动控制器。

2. 气体灭火系统

气体灭火系统防护区内应设疏散通道，防护区门应为防火门，且向外开启并能自行关闭，在疏散通道与出口处，应设应急照明和疏散指示标志；防护区内和入口处应设声光报警装置，入口处应设安全标志和灭火剂释放指示灯，应设置系统紧急启动和停止按钮及手动自动转换装置；无窗或固定窗扇的地上防护区和地下防护区，应设置机械排风装置，灭火后防护区应能通风换气；门窗设有密封条的防护区应设置泄压装置；有人工作的场所，宜配置空气呼吸器；防护区设有开口时，应设置自动关闭装置；围护结构应满足规范要求。

气体灭火系统储瓶间应设在靠近防护区的专用房间且有明显标志，应有直通室外或疏散通道的出口，应设应急照明；地下储瓶间应设置机械排风装置，排风口直通室外。灭火剂储存装置应设固定标牌，标明设计规定的储存装置编号、皮重、容积、灭火剂名称、充装量、充装日期、充装压力；驱动装置和选择阀应有分区标志，驱动装置的压力应正常；同一防护区内用的灭火剂储存装置规格应一致；贮存装置的支、框架固定应牢固，并采取防腐处理；二氧化碳灭火剂储存装置设称重检漏装置且正常，二氧化碳储瓶及储罐在灭火剂的损失量达到设定值时发出报警信号；低压二氧化碳储罐的制冷装置应正常运行，控制的温度和压力应符合设定值。

系统驱动装置压力表便于观测，压力符合设计要求；驱动瓶正面设标志牌，标明防护区名称，并安装牢固；电磁驱动器电气连接线应采用金属管保护；集流管固定在支、框架上并安装牢固，组合分配气体灭火系统的集流管上，应设泄压装置；选择阀上应设置标明防护区名称或编号的永久性标志牌；手柄应在操作面一侧，安装高度超过 1.7 m 时，应采取便于操作的措施；每个防护区主管道上应设压力讯号器；容器阀与集流管之间的管道上应设液体单向阀，单向阀与容器阀或单向阀与集流管之间应采用软管连接；喷嘴应无堵塞现象。

模拟启动气体灭火系统自动状态下，灭火控制装置和报警控制装置应在接到两个相关的火灾信号或手动启动紧急启动按钮后，启动防护区声、光报警装置，在规定延时时间内，自动启动驱动装置的电磁阀。延时时间内关闭防护区通风设施和开口阀门，气体释放后，防护区门口的气体释放灯应点亮，消防联动控制装置应能显示火灾报警信号、联动控制设备的动作反馈信号、系统的启动信号和气体释放信号。应急切断应能在规定的延时时间内可靠地切断自动控制功能。

三、火灾报警系统

消防控制室内应有显示被保护建筑的重点部位、疏散通道及消防设备所在位置的平面图或模拟图；消防控制室内应无与其无关的电气线路通过；消防控制室应设置可直接报警的外线电话和应急照明。

火灾报警控制器安装应牢固、平稳、不倾斜；火灾报警控制器接线端子处所配导线的端部，均应标明编号，字迹清晰不褪色。端子板的每个接线端，接线不得超过两根。报警控制器应有主电源和直流备用电源。主电源引入线直接与消防专用电源连接，并有明显标志。主电源的保护开关不应采用漏电保护开关；接地线采用铜芯绝缘导线，线芯截面积不小于 4 mm²；接地牢固，并有明显标志；报警控制器单独接地电阻值应小于 4Ω，联合接地（共用接地）电阻值应小于 1 Ω；主电源断电时应自动转换至备用电源供电，主电源恢复后应自动转换为主电源供电，并分别显示主、备电源的状态；火灾自动报警控制器的显示、自检、消音、复位功能正常。

火灾探测器、手动报警按钮、火灾警报装置选型和布置应符合《火灾自动报警系统设计规范》（GB 50116—2013）要求，安装应牢固，无松动、脱落、丢失和被遮挡现象。

火灾自动报警系统平时应处于正常的监视状态；火灾自动报警系统的报警功能应正常；火灾自动报警系统的联动控制功能应正常。具有巡检指示功能的探测器指示灯是否正常闪亮。进行探测器故障报警试验，旋下一个探测器，用对讲机询问控制室故障报警情况；进行点型感烟火警优先功能试验，使用感烟探测器测试装置模拟报警试验，查看探测器火灾报警确认灯是否点亮，报警控制器是否优先显示火警信号；探测器报警确认灯在手动复位前应予以保持。选取 1 个手动报警按钮进行报警试验，询问控制室信号反馈情况。

消防设施的联动控制功能应满足规范要求。将火灾报警控制器或联动控制器处于自动状态，选择任一楼层或防火分区模拟火灾确认状态即测试同一区域内的两只火灾探测器或一只火灾探测器和一只手动报警按钮，查看相关区域声光报警器是否鸣响；相关区域消防应急广播系统是否启动；该区域的非消防电源是否被切断；该区域应急照明及疏散指示系统是否启动；区域内的消防电梯是否迫降；该区域的机械加压送风系统是否启动；该区域的机械排烟系统是否启动；该区域常开防火门是否关闭；该区域防火卷帘是否动作到位；该区域电动防火阀是否关闭；涉及疏散的电动栅栏及门禁系统是否开启；火灾报警控制器或联动控制器是否接收并显示上述相关消防系统动作的反馈信号。

消防应急广播系统扩音机仪表、指示灯显示正常，开关和控制按钮动作灵活，监听功能正常。扬声器安装牢固，外观完好，音质清晰。应能用话筒播音；应在火灾报警后，按设定的控制程序自动启动消防应急广播；播音区域应正确、音质清晰；环境噪声大于 60 dB 的场所，消防应急广播应高于背景噪声 15 dB。

消防水泵房、发电机房、高低压配电室、防排烟机房、消防电梯等应设消防专用电话；消防专用电话分机应以直通方式呼叫；消防控制室应能接受插孔电话的呼叫，通话音质清晰；消防控制室、消防值班室、企业消防站等处应设置可直接报警的外线电话。

可燃气体探测器应在被监测区域内的可燃气体浓度达到报警设定值时，发出报警信号。

四、防烟排烟系统

机械加压送风风机控制柜应有注明系统名称和编号的标志；风机控制柜应有双电源供电，指示灯显示应正常；风机控制柜应有手动、自动切换装置。送风机的铭牌清晰，并有注明名称和编号的标志；风机现场、远程启停正常，启动运转平稳，旋转方向正确，消防控制室应能显示风机的工作状态。

风机和风道的软连接应严密完整，风道无破损、变形、锈蚀。送风阀（口）的安装应牢固，无损伤；送风阀开启与复位操作应灵活可靠，关闭时应严密，反馈信号应正确。机械加压送风系统应能自动和手动启动相应区域的送风阀和送风机，并向火灾报警控制器反馈信号；送风口的风速应符合规范要求；防烟楼梯间、前室、合用前室、消防电梯前室和避难层（间）的余压值应符合规范要求。

机械排烟风机控制柜应有注明系统名称和编号的标志；控制柜应有双电源供电，指示灯显示应正常；控制柜应有手动、自动切换装置。排烟风机的铭牌清晰，并有注明名称和编号的标志；排烟风机现场、远程启停正常，启动运转平稳，旋转方向正确，消防控制室应能显示风机的工作状态。风机和排烟道的软连接应严密完整，排烟道无破损、变形、锈蚀。排烟口、排烟阀、排烟防火阀、防火阀、电动排烟窗应安装牢固。排烟口距可燃构件或可燃物的距离不应小于 1 m；排烟口、排烟阀、排烟防火阀、防火阀、电动排烟窗开启与复位操作灵活可靠，关闭时应严密，反馈信号应正确；除常开的阀（口）外，现场应设置手动控制装置。

机械排烟系统应能自动和手动启动相应区域排烟阀、排烟风机，并向火灾报警控制器反馈信号；机械排烟系统中，当任一排烟口（排烟阀）开启时，排烟风机应能自动启动；排烟口的风速和排烟量应符合设计要求；当通风与排烟合用风机时，应自动切换到高速运行状态；电动排烟窗系统，应具有直接启动或联动控制开启功能。

五、消防应急照明和疏散指示系统及建筑电气防火

消防应急照明灯具安装应牢固、无遮挡，状态指示灯正常；消防应急照明灯具应急转换时间不大于 5 s；疏散照明的地面最低水平照度应符合规范要求。

疏散指示标志应安装牢固、无遮挡，指示方向明显清晰；安全出口标志和

疏散指示标志设置应符合规范要求。灯光疏散指示标志的状态灯应正常，地面中心照度应符合规范要求。

查看是否应当设置电气火灾监控系统而未设置的。老年人照料设施的非消防用电负荷应设置电气火灾监控系统。一类高层民用建筑，建筑高度大于50 m 的乙、丙类厂房和丙类仓库，室外消防用水量大于 30 L/s 的厂房（仓库），国家级文物保护单位的重点砖木或木结构的古建筑和重要公共建筑宜设置电气火灾监控。

消防配电线路是否按要求采用穿金属管、封闭式金属槽盒等防火保护措施。

额定功率不小于 100 W 的高温照明灯具的引入线是否采用不燃材料作隔热保护。

额定功率不小于 60 W 的高温照明灯具是否直接安装在易燃、可燃材料物体上。

六、灭火器

查看灭火器选型是否正确，每个计算单元配置的灭火器数量和类型应符合《建筑灭火器配置设计规范》要求。检查灭火器设置位置是否正确、明显、便于取用，摆放稳固，其铭牌应朝外。手提式灭火器宜设置在灭火器箱内或挂钩、托架上。灭火器箱是否已上锁，且不得影响安全疏散。灭火器设置在潮湿或强腐蚀性的地点或室外时，应有相应的保护措施；灭火器的检查和维护应符合《建筑灭火器配置验收及检查规范》；灭火器应在有效期和报废年限内。二氧化碳灭火器重量应与铭牌标示一致；检查灭火器生产日期、维修标志、外观及压力表，是否有锈蚀、过期或压力不足的现象灭火器铭牌或"灭火器维修合格证"应清晰，无残缺；灭火器筒体应无明显锈蚀和凹凸等损伤，手柄、插销、铅封、压力表等组件应齐全完好，无松动、脱落或损伤；喷射软管应完好，无龟裂；喷嘴无堵塞；压力表指针应在绿色区域范围内。

第五章 典型案例分析

随着社会的快速发展，灾害事故的隐患和类型也在变换着不同的面孔，但灾害原因却总是常见的那几类。在社会防灾减灾救灾条件日渐改善和增强的今天，不应该等到身边发生恶性灾害事故甚至本场所发生安全事故后才警醒。作为社会公民，必须提高消防安全认识，加强消防安全管理，防患于未然。作为消防救援人员，更应该聚焦主责主业、绷紧战备之弦、牢记打仗之责，以任务需求为牵引、以提升能力为核心，向战斗力聚焦、为打赢服务，强化战斗思想、熔铸打赢利刃，不断提升对战斗力生成的"贡献率"。本章选择了几个极为典型的案例进行分析，以供借鉴。

案例一　江苏省南通市 × 工业科技有限公司"6·4"火灾

一、基本情况

1. 单位概况

南通 × 工业科技有限公司（前身为南通市 × 有限公司），位于 × 区 × 路 × 号，距离三厂专职消防队约 0.5 km。公司成立于 2001 年 10 月 12 日，主要经营电镀等金属表面处理及道路货运。厂区占地面积 3.2 万 m^2，建筑面积 4 万 m^2。

2. 工艺流程

电镀生产分为镀前预处理、电镀、镀后处理三个步骤，涉及除油、水洗、催化、微蚀、酸洗、二次酸洗、钝化等几十个流程，对电流密度、添加剂、镀液温度、镀液配比等工艺参数要求高。使用电解除油粉、电解脱脂剂、盐酸、氢氧化钠、锌镍补充剂、锌镍光剂、硫酸镍、三乙醇胺、氰化钠、氰化亚铜等多种化学品。

3. 着火建筑情况

着火建筑为厂区中部的综合车间，由间距 2.5 m 的 3 栋楼组成，建筑高度 16.25 m，层数为 2 层，局部为 3 层，占地面积 10 146 m^2，建筑面积 30 441 m^2。每层均布置电镀生产线，北侧有三部独立楼梯分别通向二层、三层，南侧有一部楼梯通向三层。一层北侧为包装发货区、配电房和仓库，与生产区隔离；南侧由东向西为滚镀、钝化、封闭、驱氢、挂镀等 19 条生产线。二层北侧是尾管线，南侧由东向西为航空、挂镀铜、滚镀、电泳漆、滚镀锡锌、电解抛光等 12 条生产线。三层北侧是超导线，东侧放置部分尾管来料。综合车间二层仓库（面积约 20 m²）存放 8 桶氰化钠（400 kg、剧毒）、7 桶氰化亚铜（105 kg）及 1 桶硫酸亚铁（10 kg）。

4. 消防设施及水源情况

周边有环状管网市政消火栓 4 个，分别位于厂房的北侧、西北侧、东侧和东南侧；厂区西侧 300 m 有一天然河流。

5. 气象情况

当日天气阵雨转中雨：中午 12 至 14 时阵雨，夜间 23 时至次日 6 时大雨转中雨，温度 23~28 ℃，东南风 3~4 级。

二、事故特点

1. 建筑体量大，环境复杂

着火建筑东西长 120 m、南北跨度 100 m，为双层框架结构，局部三层，外墙为实体墙，排烟通道少，浓烟辐射热聚集在封闭空间；各功能区采用部分实墙和塑钢窗户进行分隔，内部通道贯通连接，排气管道交错，每层均有夹层、错层，周边违章搭建雨棚，且建筑北侧主要作业面架设高压电线，灭火力量难以靠近，单位员工对危化品存放点和储量掌握不清，给灭火决策造成被动。

2. 工艺设备多，内攻困难

着火建筑内部涉及挂镀、滚镀、铝合金、不锈钢、锡锌、电泳、铜镍、磷化等三十几种不同生产线，其电流密度、添加剂、镀液温度、镀液配比等工艺各不相同，周围的化工原料、有机溶剂桶槽罐短时间内全部过火，事故现场十几条电镀槽均处于悬空状态，上方物料管线密集且为 PVC、PP 等易燃材料，形成立体悬空燃烧状态，灭火剂与火点有效接触时间短，达不到持续降温灭火效果。

3. 可燃物质多

二楼西侧仓库内存放大量氰化钠、氰化亚铜、电线电缆、桶装塑料箱、PVC 管道、车间 PP 材质地板和保温材料等。

4. 毒害性强

由于燃烧不充分，释放出大量有毒烟气，且氰化物遇酸、高温或受潮会分解剧毒氰化氢气体。火灾扑救中产生的大量水渍，未经处置直接排放，极易造成严重环境污染。

5. 燃烧形式复杂

着火车间滚渡槽高出地面 1.4 m，地面和沟渠形成流淌火、生产装置和管线形成喷射火等多种燃烧形式。含有氰化物的电镀槽塑料容器，遇火融化、进水外溢，遇到酸会放出剧毒氰化氢气体。

6. 电镀厂火灾风险性

（1）电气设备。电镀厂房电气设备的超负荷运行、接触不良、缺少漏电保护措施、乱拉乱接临时电线、电加热等设置不妥、线路老化等均可能引起电气火灾事故。

（2）涂料和有机溶剂的使用。有机溶剂在电镀除油和涂料工序中大量使用。汽油、煤油、柴油、二甲苯、酒精、天那水等均具有高度易燃爆性。五金件的打磨、机械的抛光过程产生了金属粉尘可能产生着火爆炸；喷漆房及通风管路内沉积的漆垢在进行切割、焊接等动火作业时，也有可能造成火灾事故；或在抽风排气的风管中积存的可燃性粉尘、纤维等物质未及时清理造成火灾；电解除油和铬槽电镀过程阴极会放出大量氢气，遇空气形成爆炸性混合气体，遭遇挂具与极杆接触产生的电火花就会发生爆炸燃烧。

三、处置过程

1. 加强调度，部门联动

2022 年 6 月 4 日，区消防救援大队 119 指挥中心接警后，先期调派辖区专职消防队 3 辆消防车、13 名消防救援人员、×路消防站 5 辆消防车、25 名消防救援人员、×海路专职队 2 辆消防车、11 名消防救援人员前往处置，大队值班领导随警出动。随后，调派×江专职队、×乐专职队、×开发区专职队、×星二专职队、×东专职队、×来专职队、×场专职队共 13 辆消防车、60 名消防救援人员陆续赶赴现场。第一时间向市委市政府报告现场情况，及时启动救援预案，调派应急、医疗、公安、路政、供水等部门和化工专家到场协同处置。市消防救援支队指挥中心通过 4G 图传确定火灾及人员受困情况后立即增调×兴路消防站、×海专职消防队、×战勤保障大队、×江路特勤消防站和×家桥消防站共计 16 辆消防车、71 名消防指战员前往现场参与救援。同时一次性调集泡沫灭火剂、碳酸氢钠、次氯酸钙等药剂，充分做好救援准备工作。

2. 侦察评估，堵截火势

首批出动力量辖区专职消防队 3 车 13 人到达现场，此时火势已处于猛烈燃烧阶段，且正在向厂房南侧、西北侧蔓延。指挥员立即确定方案，部署力量，展开战斗行动：成立侦察小组携带热成像仪、测温仪等侦察仪器进入消防控制室，并深入内部进行侦查；成立灭火小组占据厂区东侧打击火势；成立供水组利用消火栓，架设供水干线，保证火场供水充足不间断。

×路消防站救援力量到达火场，到场后在东侧厂区门口设置高喷车对火点进行打击，安排侦察小组进行全方位火情侦察。此时侦察小组在厂区北侧、南侧发现明火，火势猛烈，蔓延迅速，现场指挥员命令北京路消防站在北侧设立一个水枪阵地进行堵截，在南侧设置水炮阵地防止火势向西南侧蔓延，并组织泵浦车外围寻找水源，利用远程供水泵组组织供水。5时15分，泵浦车完成远程供水泵组供水，给火场提供有力的水源保障。

×海路专职消防队救援力量到场后，一阶段，接到的任务，给×厂专职消防队供水，后续供泡沫。二阶段，组织攻坚小组进入仓房东南侧内攻阻止火势蔓延，而后在再次迅速以本队车辆为主设置水枪阵地，由厂房南侧通道向里推进，阻止火势的蔓延。三阶段（约一小时后），从厂房南侧通道，转移至西南侧设置水枪阵地，对蔓延至厂房西侧通道的火势进行堵截，堵截西侧危化品仓库前蔓延的火势，随后占领制高点（厂房西侧车间）从而下的打击车间里蔓延的火势，从车间三楼、四楼窗口向仓房内射水。四阶段，与三厂专职队一起从车间南侧楼梯入口进入三楼内攻，向内延伸；此过程中，×海路专职队从三厂专职队铺设干线的分水上出的一支枪，协同三厂专职队进入内攻，三厂专职队车辆通过厂房消火栓和供水泵组供水。五阶段，接到厂房内有复燃迹象，再次与三厂专职队一起从车间南侧楼梯入口进入三楼水枪阵地。

此阶段共部署3个消防站10辆消防车、49名消防指战员，共建立进攻干线2条、供水干线4条、水枪阵地4处，成功控制住了火势。

根据现场反馈情况大队指挥中心立即增派增援力量×乐消防队站、×江消防队站、×开发区消防队站、×星二消防队站到场处置。

×乐消防队站到场：豪沃泡沫水罐车给三厂专职队高喷车持续运送供水。

×江消防队站到场：奔驰泡沫水罐车负责控制单位北侧火势发展（出2门移动水炮从北门进入）、北侧临江奔驰车和×开发区专职队高喷车供水，并从西北角和东侧组织了二楼和三楼内攻。

×开发区消防队站到场：负责在厂区北侧3号门处对火势进行堵截控制，随后，指挥员立即命令高喷对火势进行压制，并由大五十铃占据北侧消火栓给高喷供水，且对3号门进行破拆并架设两门移动炮对火势进行堵截控制，由于火势较大，厂内多为化学物品，6时49分火势突然向西侧蔓延，指挥员立即命令转移作战阵地，占据西侧有利位置对火势进行堵截压制，08时19分，火势得以控制，随后对5号门进行破拆并组织内攻。

×星二消防站队到场：小五十铃水罐车东侧路口待命，奔驰泡沫水罐车进入北侧作战区利用×路供泵组分水器进行供水，利用车载水炮进行堵截火势，直至火灾扑灭。

市消防救援支队全勤指挥部到场：全勤指挥部设立在厂房东北角，立即掌握现场情况，查看现场力量部署，对作战力量进行优化调整。对市区×路消防队站、×路消防站、战勤保障大队进行调度增援。

3. 科学决策，确保重点

市消防救援支队支队长、政委及在通的党委成员带领支队全勤指挥部及市区增援力量到达现场，成立现场指挥部，了解火情及力量部署情况。此时火势已蔓延至建筑最西侧，并伴有爆燃，从企业管理人员处得知，二楼西侧危化品仓库存放大量化学添加剂和氰化钠、氰化亚铜等剧毒品，但对存放量不清楚。指挥部立即作出力量调整：一是由当日指挥长带领侦察小组核实厂区及周边电源是否切断，实施不间断侦察，及时反馈现场情况；二是成立7个攻坚组，在建筑西北、西南方向利用泡沫枪、泡沫炮采用分割、围歼的战术堵截控制火势，全力保护危化品仓库；三是两台远程供水泵组实施不间断供水；四是在着火建筑东侧行政楼顶部设立安全哨，各参战力量要明确安全员，全程监控灭火行动，做好现场安全警示。

×路消防救援站到场：×路消防救援站卢森堡亚泡沫水罐车、沃尔沃高喷车停靠于厂房东北侧与办公楼之间，从厂房北侧楼梯向4楼出泡沫内攻灭火。×路消防救援站4人接替北海路专职队继续在4楼冷却，扑灭剩余残火。接全勤指挥部命令，×路消防救援站出动化学事故抢险救援车增援。化学事故抢险救援车到场，在大庆路钟楼路路口东北侧（指挥车东侧）搭建简易洗消架，建立洗消点。×路消防救援站4人使用干粉灭火器从厂房北侧楼梯入口进入一层扑灭残余火点。厂房1层复燃，×海路消防救援站从厂房北侧楼梯入口进入一层出两支泡沫枪灭火。

分景兴路消防站到场：两辆高喷车停靠大庆路，依维柯停靠钟楼路待命。奔驰水罐车停靠厂区大门，豪士科压缩泡沫车停靠广场南边，×三厂专职队水罐车后方。

二阶段水炮撤出后，增设一支水枪，在厂区南边向西边进行推进，在西南角停靠对火点进行打击后，沿西边车间继续向西推进，对火点进行打击。

三阶段沿东南角楼梯进入内部，进行垂直铺设水带。对三楼火点进行打击，指挥员到二楼对有毒物质氰化侦查。确认有毒物质氰化仓库无过火。

战勤保障到场：供水泵组负责给厂区东侧进攻力量供水（前期组织人员疏散厂区东门往南的所有槽罐车，货车，小型汽车大约50辆，清理沿路障碍物，保证道路畅通），供水距离800 m左右，泵组停靠在厂区西南侧邻近厂区，东侧河道吸水供水。

供气车停靠在厂区东北角，给参战队站空气呼吸器充气，参战期间，不间断给各参战队站充装气瓶 110 个左右。

供液车停靠在厂区北侧道路，待命供液。

期间接领导指示，协调供给空气呼吸器，重型防化服等装备给予参战队站使用。

×江路消防站到场：抢险车负责照明，安普车给×家桥供水，8 时接到任务 6 名号员两两一组前往仓库内转移危化品，11 时左右接到任务前往北侧门厂房里处置明火，11 时半明火被扑灭，并继续对现场进行监护。

指挥部考虑到人员轮换问题再次调派×来专职队、×东专职队、×家桥消防站、×场专职队赶赴先现场处置。

×来专职队到场：20 时接到任务，与内攻人员换班 4 人 1 组交替前往仓库内转移危化品，晚上接到任务监守火灾现场。6 月 5 日上午接到继续监守火灾现场的任务后，将车辆停靠在厂房西北口处，并继续对火灾现场进行巡检，对复燃物质，余火进行扑灭。

×东专职队到场：20 时接到任务，与内攻人员换班 4 人 1 组交替前往仓库内转移危化品，晚上接到任务监守火灾现场任务。将车辆停靠在厂房西北口处，并继续对火灾现场进行巡检，对复燃物质，余火进行扑灭。

×家桥消防站到场：高喷车占据西北边进攻口进行一楼车间内攻灭火，城市主战车占据西北角消防水池给高喷车供水，11 时内部明火被扑灭，之后继续对现场进行监护。

×场专职队到场：现场照明、人员替换。

4. 充分论证，协同处置

省消防救援总队首长及全勤指挥部实施远程指导，×通市、×门区政府领导及应急、医疗、环保、公安、路政、供水等联动力量陆续到场，现场总指挥部经综合研判评估后确定：一是要力保危化品仓库绝对安全；二是在着火建筑、厂区所有出入口处用沙袋筑堤，防止混合液体流出；三是环保部门做好大气和水环境质量监测，关闭周边雨排，并做好废水处理和污染物中和准备；四是在东门和北门处设置洗消点，对作战人员进行全面洗消并做好力量轮换；五是专人负责做好饮食、油料、医疗等保障工作。火势于中午 11 时得到有效控制。

5. 持续检测，安全转运

通往危化品仓库的残火清理完毕，根据专家意见，2 名消防员与环保专家、厂方技术人员着全封闭防护服，携带便携式多种气体检测仪进入二楼危化品仓库临近区域，侦察生产线、电解槽、仓库等受损情况，经检测，现场空气含微量氰化氢，光气浓度超标，地面有深绿色溶液，pH 为 4.5，呈酸性，危化品仓库门有过火痕迹。现场专家初步判断氰化氢为生产线残留氰化钠与酸反应产生，指挥部决定用碱中和地面酸液，利用开花水雾不间断稀释，降低光气浓度。

16 时 10 分，经检测光气浓度降至 0.5 mg/m³，指挥部挑选 4 名消防员、1 名环保专家、1 名厂方技术人员组成 6 人攻坚组，着重型防化服先后 3 次进入建筑内部，破拆仓库外围铁丝网，打通危化品转运通道，再次检测无氰化物泄漏后，对危化品仓库防盗门进行破拆。18 时 10 分，开展氰化物转运工作，20 时 30 分，危化品全部转运完毕。

6. 洗消清理，现场监护

20 时 40 分，现场转入清理阶段。市消防救援支队指挥部要求保持现有水枪阵地和力量部署，做好人员、装备轮换工作；环保部门做好酸碱中和、残液输转、氧化破氰等持续做好环境监测，防止二次污染；卫生部门备足相关药品；所有参战力量利用 5% 小苏打溶液进行洗消。轮换力量逐个消灭复燃火点，并做好现场监护。

6 月 5 日 8 时，经指挥员确认现场安全，无复燃可能，所有力量归建。

四、存在不足

1. 对辖区"六熟悉"不到位

对辖区交通道路和消防水源情况不熟悉；对重点单位里面物质、分类、分布情况不熟悉；对重点单位的建筑和使用情况不熟悉；对重点单位内部消防设施不熟悉；对辖区主要灾害事故类型和处置程序不熟悉。

2. 政府专职队伍应对特殊火灾事故能力弱

基层指挥员的指挥水平及消防员的综合素质不高；处置重特大火灾和特殊灾害事故指挥经验不足；器材装备管理不到位，操作水平不高，维护保养不善；对化工火灾的复杂性、险恶性认知不够。

3. 现场通信保障不畅通

基层通信保障队伍缺乏专业人才；部分单位不重视通信队伍建设，导致频繁更换通信岗位人员，新通信员上岗对器材装备不熟悉，导致事故现场通信不畅通；大部分通信装备理论距离和实际装备距离相差较大；部分通信装备的实用性不强，在高层、地下、火场内部等区域会出现无信号等情况。

案例二　江苏省苏州市吴江区"7·12"×酒店辅房坍塌事故

2021年7月12日，位于苏州市×餐饮管理服务有限公司（以下简称×酒店）辅房（以下称事故建筑）发生坍塌事故，造成17人死亡，5人受伤，直接经济损失约2615万元。

一、事故经过及救援情况

1. 事故发生经过

2021年7月6日，×酒店在未办理施工许可的情况下，由苏州×装饰建筑工程公司（以下简称×建筑公司）在事故建筑一楼现场组织墙体拆除施工。7月8日，完成一楼走廊南北两侧房间各5垛横墙拆除。7月9日，开始拆除一楼走廊两侧纵墙。7月12日，事故建筑一楼过道北侧内纵向砖墙拆除后，在由西向东拆除过道南侧内纵向砖墙约完成1/3时，15时31分38秒事故建筑中部偏西区域开始下沉，至15时31分46秒完全坍塌，持续时间8秒钟。事故发生时楼内共有23人被困。

2. 事故救援情况

2021年7月12日15时33分03秒，110接到报警。15时35分，苏州市消防救援支队接警后第一时间调派力量赶赴现场，立即开展前期搜救。省消防救援总队接报后迅速启动重特大灾害事故应急处置预案，从南京、镇江、常州、无锡、南通五市及训练与战勤保障支队和总队全勤指挥部调集11支重轻型地震救援队共694名指战员，携带生命探测仪器、蛇眼探测仪、搜救犬以及特种救援装备驰援现场，全力搜救被困人员。在省卫健委的指导下，市区两级卫健部门开通绿色通道，先后派出15辆救护车，按照"就近就急"原则，开展现场施救，有序转运伤员；统筹派出21名省市医学专家，开展救治和评估，实行"一患一组一策"，开展多学科4联合会诊，尽一切可能减少死亡和伤残。公安部门先后调集400余名警力协同救援处置。经过41小时全力救援，搜救出23名被困人员，其中17人遇难，5人受伤，1人未受伤。7月14日9时，经反复确认无其他被埋人员后搜救工作结束。整个救援过程响应迅速、指挥有力、专业高效，圆满完成搜救任务，救援人员、医务人员无一人伤亡。

×市及×区制定善后处置方案，领导挂钩协调，核准数据信息、理清人员关系，做好遇难者及伤者家属安抚工作，依法依规做好赔偿，善后处置工作平稳有序。

二、事故相关情况

1.事故单位情况

×酒店,设立于2020年3月27日,公司类型为有限责任公司(自然人独资),法定代表人×新,投资人和实际控制人为×石,注册资本50万元。经营范围许可项目包括住宿服务、食品经营、餐饮服务,一般项目包括餐饮管理、会议及展览服务。在同一地址、同一场所,注册登记有苏州×餐饮管理有限公司(以下简称×餐饮公司),法定代表人×根,实际控制人×石,注册资本100万元。经营范围为餐饮管理、餐饮服务、会务服务和住宿服务、食品销售。×酒店和×餐饮公司均未取得特种行业(旅馆业)经营许可。

2.事故建筑基本情况

×酒店涉事建筑房产证登记总面积5 338.5 m²,结构为钢混四层。实际上该建筑包括主体建筑和辅房(即事故建筑)两部分,其中主体建筑为钢混四层(2010年建成),辅房为砖混三层(80年代中期建设)、局部加建一层(2010年建成)。事故建筑坍塌部分共三层,东西长22.9 m、南北宽16.27 m。每层过道南北侧各六间房。

经调查,该辅房坍塌部分主体为三层砖墙承重的混合结构(砖混结构),墙体采用八五烧结粘土砖砌筑、墙厚220 mm,楼屋面为预制混凝土空心板(板宽500 mm),楼屋面处设有220 mm×220 mm钢筋混凝土圈梁,圈梁配筋4φ10,未见构造柱。基础为条形砖基础,基础上地圈梁220 mm×120 mm。

坍塌时,一楼正在装修改造,面积约500 m²,辅房建筑平面布置(底层);二三楼正常住宿营业,共有二十四间客房。

事故建筑经由三个产权人流转,分别是×湖良种场(×饭店)、×中、×石。

(1)×湖良种场(×饭店)的建设和持有阶段(1984年至2006年8月)。1984年,×湖良种场翻建×饭店。1989年10月,×湖良种场(×饭店)对已建成的房屋申请办理总登记,共十一幢楼,建筑总面积4 612.03 m²,其中2号楼建筑面积1 688.86 m²,建筑结构为三层砖混。2号楼主体部分即事故建筑。

(2)×中持有阶段(2006年8月至2020年2月)。2006年8月,因×饭店改制,×中通过拍卖方式取得×饭店的所有权。2006年9月,办理了房产转移登记。2008年4月起,×饭店实施通陵旅馆工程项目建设,拆除2号楼西面的三层300多 m²,并在保留部分局部加盖1层后将其与新建的四层钢混结构建筑相连接。2010年10月,×饭店委托×市×房地产测绘有限公司(以下简称×测绘公司)对建成房屋进行测绘,测绘报告表述为"原2号楼保留部分和新建建筑已连接成整体建筑,建筑结构钢混,建筑层数四层,面积合计5 338.5 m²",记为12号楼,其中1 895 m²为超过原规划审批面积的擅自扩大建筑面积，经行政处罚后，2010年9月17日，原×市规划局重新核发了与原许可证同时间同编号的《建设工程规划许可证》。2011年1月4日，×饭店以测绘成果备案表申请将新建建筑和原2号楼保留部分合并登记。1月5日，原×市住房和城乡建设局核发产权证，记载房屋面积5338.5 m²，结构钢筋混凝土，总层数四层。2013年7月，×饭店为办理旅馆业特种行业许可证，委托×区房产管理处对旅馆业经营场所楼面进行安全鉴定。×区房产管理处对12号楼新建部分二、三、四层楼面进行安全鉴定后，出具了包括原2号楼保留部分的房屋安全鉴定意见书。×区公安局治安大队受理×饭店旅馆业特种行业许可申请，仅对12号楼二、三、四层房间进行抽检核查后，核发了特种行业许可证。

（3）×石持有阶段（2020年2月以后）。2020年2月18日，×石通过司法拍卖取得涉事建筑所有权。2020年4月26日，×石将该涉事建筑转移登记至自己名下，取得不动产权证，证书存根显示房屋结构钢筋混凝土，总层数四层，房屋建筑面积5338.5 m²。法院拍卖评估报告显示建设年代约为2010年。

3. 事故相关单位情况

（1）×建筑公司，设立于2021年2月24日，法定代表人、投资人×博，公司类型为有限责任公司（自然人独资），注册资本50万元。经营范围许可项目为各类工程建设活动、施工专业作业、住宅室内装饰装修。一般项目为专业设计服务、工程管理服务、金属门窗工程施工、住宅水电安装维护服务、园林绿化工程施工、工程技术服务（规划管理、勘察、设计、监理除外）、对外承包工程。该公司为事故建筑装修工程承包单位。该公司未取得建筑施工企业资质和设计资质。

（2）×测绘公司，设立于2004年12月7日，法定代表人×荣，投资人×荣、×根，公司类型为有限责任公司，注册资本50万元。经营范围包括房产测绘、地籍测绘、工程测量。测绘资质证书专业范围丙级有工程测量、控制测量、地形测量、规划测量、建筑工程测量、变形形变与精密测量、市政工程测量、不动产测绘、地籍测绘、房产测绘。

4. 事故建筑装修项目情况

2021年5月，×酒店拟将事故建筑的一楼房间全部改造成餐饮包厢。6月，×根将×建筑公司法定代表人×博和其妻×平介绍给×石。6月11日，×平联系×波，告知其按照×石的要求设计装修平面图，并向×波提供了×石给的一张纸质平面图（为2011年由苏州新时代建筑设计有限公司出具用于当时装修工程的底层平面图，该图标明"本建筑为四层框架结构"，实际上"本建筑"图纸还包含了三层砖混结构的事故建筑。图纸说明中明确要求"所有装修设计均不得破坏建筑结构安全开墙破洞"）。6月15日，×波通过微信向×平提供装修设计平面图。7月3日，×酒店与×建筑公司签订《装饰工程合同》，×石和×博分别在合同上签名，合同约定工程期限75天（7月5日至9月20日），合同总价55万元。7月4日，×波根据装修设计平面图绘制了拆墙图纸；×博将事故建筑墙体拆除作业分包给×刚。7月5日晚，×刚联系挖机参与拆除×酒店辅房一楼室内墙体。7月6日，×平、×波等人根据拆墙图纸，在现场走廊的墙面上用黑色记号笔画好门洞位置，×波提出除水管和消防栓这部分墙先不拆外，横墙要全部拆掉。7月7日至8日，2台挖机将走廊南北两面房间各5垛横墙全部拆除。7月9日，×平与×波确认走廊两侧纵墙墙面全部拆除，只保留消防栓位置的墙面。7月11日，×平在拆墙工人提出异议后继续要求拆除走廊两侧纵墙墙面剩余部分。7月12日，拆墙工人继续拆除走廊两侧纵墙，直至事故发生。

5. 投诉举报处理情况

7月12日上午10时左右，×区×街道综合行政执法人员根据"12345"热线工单，到达×酒店处理群众反映有施工噪音的问题，工作人员要求施工人员早上不要使用电锤，晚上禁止施工。

三、事故原因

1. 直接原因

在无任何加固及安全措施情况下，盲目拆除了底层六开间的全部承重横墙和绝大部分内纵墙，致使上部结构传力路径中断，二层楼面圈梁不足以承受上部二、三层墙体及二层楼面传来的荷载，导致该辅房自下而上连续坍塌。事故调查组对事故现场进行勘查、取样、实测，未发现基础明显静载缺陷；根据当地提供的气象、地震等资料，逐一排除了气象、地震等可能导致坍塌的因素。

2. 间接原因

（1）建设单位将事故建筑一楼装饰装修工程设计和施工业务发包给无相应资质的×建筑公司，施工图设计文件未送审查，在未办理施工许可证的情况下擅自组织开工，改变经营场所建筑的主体和承重结构。

（2）施工单位在未依法取得相应资质的情况下承揽了事故建筑装修改造项目，并将其承揽的装饰装修设计业务和拆除业务分包给不具有相应资质（资格）的个人，未建立质量责任制，未确定项目经理、技术负责人和施工管理负责人，未编制墙体拆除工程的安全专项施工方案，无相应的审核手续，未对施工作业人员进行书面安全交底并进行签字确认，在事故建筑一楼装饰装修工程无施工许可证的情况下组织墙体拆除施工。

（3）房屋产权人未履行房屋使用安全责任人的义务。

（4）设计人员未取得设计师执业资格，未受聘于任何设计单位，在没有真实了解辅房结构形式的情况下，提供了错误的拆墙图纸，并错误地指导了承重墙的拆除作业。

（5）墙体拆除作业承包方无相应资质。

四、事故暴露出的主要问题

1. 地方党委政府主要问题

1）×市

贯彻省委、省政府关于打击非法违法建设决策部署不够到位，对住房和城乡建设部门责任落实监督不够，对建设管理工作中存在的漏洞失察，对建筑领域专项治理工作指导不力。

2）×区

未严格按照省委、省政府及×市委、市政府有关要求履行属地管理责任，既有建筑安全管理存在明显短板，对既有建筑安全隐患排查整治工作不到位问题失察，组织开展"两违"专项治理工作不力。对住建、公安、城管等部门和×东×生态旅游度假区（×新城）、×街道履职不力问题失管，对有关部门职责边界不清问题失察。

3）×东×生态旅游度假区（×新城）

属地代管责任落实不到位，组织开展"两违"专项治理行动不扎实不彻底，对×街道建设管理工作指导不力，对×街道未全面开展既有建筑安全隐患排查整治工作失察。

4）×街道

对建设管理安全工作不重视，属地管理责任缺失，对涉事酒店违法建设问题漏管失控。落实"两违"专项治理工作不实不细，开展既有建筑安全隐患排查整治工作不深入不彻底。对综合行政执法工作履职不力疏于管理，对执法机制不完善、工作处置流程不规范问题失管失查。

2. 有关部门主要问题

1）住房和城乡建设

（1）×市住房和城乡建设局

落实"确保建筑使用安全，切实维护公共安全和公众利益"的要求不深入，组织建筑领域专项治理不力，风险管控不精准，压力传导不到位。对既有建筑改建装修工程未批先建、违法发包等行为监督管理存在漏洞，对×区住房和城乡建设局建设管理工作督促指导不够。

（2）×区住房和城乡建设局

①原×市住房和城乡建设局：对建设项目工程安全质量监督管理不到位，对测绘报告审核不严，违规办理房屋权属登记。违规出具房屋安全鉴定意见书。

②×区住房和城乡建设局：未认真履行建筑市场监督管理职责，对改建装修工程实施阶段各方主体的监督管理均存有漏洞，对涉事酒店装修拆墙作业中存在的违法建设、违法发包等行为失查失处。开展"两违"专项治理工作不深入不彻底，对×东×生态旅游度假区（×新城）、×街道督促指导不力。既有建筑安全隐患排查整治工作不实不细，对×街道既有建筑安全隐患排查整治工作监督指导流于形式。

（3）×东×生态旅游度假区（×新城）建设局

统筹×街道开展房屋使用安全管理工作不到位，督促落实房屋安全排查巡查等工作不力，对涉事酒店装修拆墙作业中存在的违法建设、违法发包等问题失管。

（4）×街道建设管理办公室

未全面履行属地建设管理职责，对既有建筑改建装饰装修工程管理存在盲区和漏洞，对涉事酒店装修拆墙作业中存在的违法建设、违法发包等行为失管失处，开展既有建筑安全隐患排查整治和"两违"专项治理工作不深入不彻底。

2）公安

（1）×区公安局

未按照程序规范办理×饭店特种行业许可证，现场核查不认真，未核对申请材料与经营场所状况是否一致，违规核发特种行业许可证。×饭店经营主体变化后，未依法注销×饭店特种行业许可证。对涉事酒店未取得特种行业许可擅自从事旅馆业经营活动，未予以取缔。对×派出所旅馆业信息核查工作不到位问题失管失察，对旅馆业治安管理工作监督指导不力。

（2）×区公安局×派出所

对旅馆业特种行业日常治安管理不严不实，日常检查巡查中发现×饭店变为×酒店时，未严格按照相关规定认真核实，在旅馆业信息系统中将×饭店有限责任公司名称后备注"（×）"，在专项清查行动中也未发现涉事酒店未取得特种行业许可擅自从事旅馆业经营活动。

3）城市管理

（1）×区城市管理局

统筹协调全区综合行政执法工作不力，未建立与行业主管部门及综合执法队伍间协调配合、信息共享机制和跨部门跨区域执法协作联动工作机制，综合行政执法工作存在漏洞，未有效开展行政处罚及相应的监督检查工作。基层综合行政执法队伍培训指导不到位，监督考核不力，对×街道综合行政执法局未规范处理群众举报事项的问题失管失察。

（2）×街道综合行政执法局

单位管理制度不健全，执法机制不完善，工作处置流程不规范，处理关于涉事酒店的"12345"热线工单的现场核实工作简单粗放，未制止涉事酒店的违法建设行为。

3. 事故有关企业主要问题

1）×酒店

（1）未办理施工许可证擅自组织施工。违反《中华人民共和国建筑法》第七条和《建筑工程施工许可管理办法》第二条、第三条规定，将近 500 m² 的×酒店装修工程予以发包，合同价款 55 万元，并于 2021 年 7 月 6 日在未办理施工许可证的情况下组织施工。

（2）未依法提供与建设工程有关的原始资料。违反《建设工程质量管理条例》第九条规定，未向×建筑公司提供与装修改造工程相关、准确、齐全的原始图纸资料，装饰工程合同甲方签字人×石仅向×建筑公司提供了一张标明"本建筑为四层框架结构"底层平面图。

（3）违法发包。违反《中华人民共和国建筑法》第十三条、《建设工程质量管理条例》第七条规定，将事故建筑一楼装修工程设计施工业务发包给无相应资质的×建筑公司承担。

（4）施工图设计文件未送审查。违反《建设工程质量管理条例》第十一条第二款和《房屋建筑和市政基础设施工程施工图设计文件审查管理办法》第九条规定，未将×波设计的施工设计图纸送给具有相应资质的审图机构审查，未及时发现施工图纸中存在的重大施工安全隐患。

（5）改变经营场所建筑的主体和承重结构。违反《×省安全生产条例》第二十八条第一项，要求×建筑公司拆除事故建筑一楼原有房间隔墙。事故建筑为砖混结构，房间隔墙为房屋主体和承重结构。

（6）未取得特种行业（旅馆业）许可证。违反《×省特种行业治安管理条例》第十一条规定，未依法取得《特种行业（旅馆业）许可证》从事旅馆业经营。

2）×餐饮公司

未取得特种行业（旅馆业）许可证。违反《×省特种行业治安管理条例》第十一条规定，未依法取得《特种行业（旅馆业）许可证》从事旅馆业经营。

3）×建筑公司

（1）违法承包。违反《中华人民共和国建筑法》第十三条、《建设工程安全生产管理条例》第二十条、《建设工程质量管理条例》第二十五条第一款，在未取得相应资质的情况下承揽×酒店装饰装修工程设计施工业务。

（2）违法分包。违反《建设工程质量管理条例》第二十五条第三款规定，将其承揽的装饰装修设计业务分包给未具有设计执业资格的×波设计施工图纸，将拆除事故建筑一楼墙体业务发包给无相应资质的个人。

（3）违规施工。违反《建设工程质量管理条例》第二十六条、第二十八条和《建筑工程施工许可管理办法》第二条、第三条规定，在未取得施工许可证的情况下组织墙体拆除施工，未建立质量责任制，未确定项目经理、技术负责人和施工管理负责人，无保证工程安全的具体技术措施。

4）×测绘公司

违反《中华人民共和国测绘法》第二十三条和《房产测量规范》规定，对原2号楼保留并计入12号楼的1 369.41 m²砖混建筑，全部描述为"12钢混四"。

五、对事故有关单位及人员的处理建议

1. 移交司法机关的人员

（1）×石，男，×酒店、×餐饮公司实际控制人，事故建筑产权人。违反《中华人民共和国安全生产法》第十八条和《苏州市房屋使用安全管理条例》第十条、第十一条的规定，将事故建筑的一楼改造成餐饮包厢，在了解设计图纸（含墙体拆除）的情况下，组织破坏房屋结构行为，未履行建设单位主要负责人和房屋所有权人责任，涉嫌构成事故犯罪，已被公安机关采取刑事强制措施。

（2）×平，女，×建筑公司×酒店装饰装修工程项目施工现场管理负责人。现场指挥墙体拆除工作，未能及时发现并消除事故建筑拆除作业中的重大生产安全事故隐患。违反《中华人民共和国建筑法》第七十一条规定和《中华人民共和国安全生产法》，涉嫌构成事故犯罪，已被公安机关采取刑事强制措施。

（3）×新，男，×酒店法定代表人。未履行主要负责人责任，参与决策将事故建筑的一楼改造成餐饮包厢。违反《中华人民共和国安全生产法》，涉嫌构成犯罪，已被公安机关采取刑事强制措施。

（4）×根，男，×餐饮公司法定代表人。未履行主要负责人责任，参与决策将事故建筑的一楼改造成餐饮包厢。违反《中华人民共和国安全生产法》，涉嫌构成犯罪，已被公安机关采取刑事强制措施。

（5）×博，男，×建筑公司法定代表人。未履行主要负责人责任，违规承包装饰装修改造工程。违反《中华人民共和国建筑法》《中华人民共和国安全生产法》，涉嫌构成事故犯罪，已被公安机关采取刑事强制措施。

（6）×波，男，未取得相应执业资格证书，未受聘于任何设计单位，违

规设计事故建筑一楼装饰装修工程，并指导现场拆除承重墙施工。违反《中华人民共和国建筑法》第十四条、《建设工程勘察设计管理条例》第九条规定和《中华人民共和国安全生产法》，涉嫌构成事故犯罪，已被公安机关采取刑事强制措施。

（7）×刚，男，事故建筑墙体拆除作业承包人。在无相应资质的情况下承揽×酒店内部墙体拆除作业，安排挖机及工人拆除事故建筑一楼内部承重墙。违反《建筑业企业资质管理规定和资质标准实施意见》第三十三条、《建设工程质量管理条例》第二十八条规定和《中华人民共和国安全生产法》，涉嫌构成事故犯罪，已被公安机关采取刑事强制措施。

2. 建议给予党纪政务处分的人员

对于在事故调查过程中发现的地方党委政府及有关部门的公职人员履职方面等问题线索及相关材料，已移交省纪委监委×市×区"7·12"×酒店辅房坍塌事故追责问责审查调查组。对有关人员的党政纪处分和有关单位的处理意见，由省纪委监委提出；涉嫌刑事犯罪人员，由省纪委监委移交司法机关处理。

3. 建议给予行政处罚的相关企业

1）×酒店

依据《中华人民共和国安全生产法》第九十二条、第一百零九条规定，对×酒店及其主要负责人予以罚款；依据《中华人民共和国建筑法》第六十四条、《建设工程质量管理条例》第五十四条、第五十六条、第五十七条、第六十九条和第七十三条，《建筑工程施工许可管理办法》第十二条、第十五条，对×酒店予以罚款；依据《×省特种行业治安管理条例》第三十八条规定，对×酒店予以取缔，没收违法所得并予以罚款。

2）×餐饮公司

依据《×省特种行业治安管理条例》第三十八条规定，对×餐饮公司予以取缔，没收违法所得并予以罚款。

3）×建筑公司

依据《中华人民共和国安全生产法》第九十二条、第一百零九条规定，对×建筑公司及其主要负责人予以罚款；依据《中华人民共和国建筑法》第六十五条、《建设工程质量管理条例》第六十条、第六十二条、第六十九条、第七十三条和《建筑工程施工许可管理办法》第十二条规定，对×建筑公司予以取缔，没收违法所得并予以罚款。

4）×测绘公司

依据《房产测绘管理办法》第二十一条规定，对×测绘公司予以罚款。

六、事故主要教训

（1）安全发展理念未牢固树立。×市在牢固树立底线思维和红线意识、统筹处理安全与发展两件大事存在差距，建筑领域专项整治重部署轻落实，对落实"确保建筑使用安全，切实维护公共安全和公众利益"的要求督促指导不力。×区对建筑领域安全生产工作重视不够，未深刻吸取事故教训，"两违"专项治理和既有建筑使用安全隐患排查整治工作不实不细，风险研判不全面，管控措施不得力，监督管理层层失守，违规建设现象长期存在。

（2）企业无许可、无资质违规建设肆意妄为。本次事故涉及的参建各方法制意识淡薄，知法犯法，无许可、无资质擅自施工，有关单位事中事后监管严重缺失，整个装修施工安全失管失控。涉事酒店不履行法定义务，未提供与建设工程有关的原始资料、不经正规设计、不办理施工许可，并违法将装饰装修工程发包给无资质的施工单位。涉事施工单位非法承揽、违规施工，临时拼凑安全技能素质普遍偏低的作业人员，不管不顾冒险蛮干，最终导致涉事酒店辅房坍塌，造成重大人员伤亡。

（3）建筑领域"只管合法、不管非法"问题较为突出。省委、省政府和相关部门对建筑领域专项治理多次进行部署，×市×区在推动落实上仍有差距，"两违"专项整治工作存在盲区漏洞，未将应报（审）未报（审）非法建设纳入重点监管范围，"只管合法、不管非法"现象依然突出，对涉及公共安全的经营性场所装修改造只管报备的，不报备就无人管无人问。对应报（审）未报（审）非法建设行为打击、处罚等管理措施不力，举报奖励作用发挥不好，违法违规建设行为长期屡禁不止。涉事酒店违法违规装饰装修施工多日，直至事故发生未被发现和查处。

（4）基层"漏管失控"现象较为严重。×区住建部门和综合行政执法队伍之间监管执法职责边界不清晰，存在分工不合理、权责不一致、运行效率不高等问题，未能对长期存在的违法违规建设行为有效制止并查处。×区住建部门对中介机构疏于管理，对中介机构出具的报告审核把关不严，对中介服务存在的弄虚作假问题漏管失查。×区公安部门特种行业许可管理不严不实，未能及时发现、处理涉事酒店无许可从事旅馆住宿服务违法行为。×东×生态旅游度假区（×新城）、×街道属地管理责任缺失，对涉及公共安全的既有建筑使用安全未按专项治理要求和违法建设认定标准进行排查整治；处理"12345"群众举报事项不规范，未能制止涉事酒店违法违规行为。

（5）既有建筑使用安全管理存在明显短板。伴随城镇化快速发展，既有建筑保有量不断增加，建筑结构构件、设施设备逐年老化，使用安全风险日益凸显，但现有的安全管理存在明显短板，与工作要求不相匹配。产权人不履行既有建筑使用安全责任人的义务，在改变建筑结构、布局和用途时，不去全面掌握建筑结构、建设年代等基本情况，不主动了解基本建设程序，不办理相应法定手续。主管部门既有建筑安全治理体系不完善，工作机制不健全，安全管理制度不完备，缺乏必要的指导和检查。街道（乡镇）对涉及公共安全的人员聚集场所等重点建筑信息掌握不全，日常检查不彻底。居民（村民）委员会针对性的动态巡查不到位，前哨作用发挥不明显，难以及时发现并制止擅自改变既有建筑使用功能、违规改扩建工程等违法违规行为。

七、事故防范和整改措施

（1）树牢安全发展理念。各地党委、政府和相关部门要深入贯彻落实习近平总书记关于安全生产和防范化解重大安全风险的重要论述，始终坚持"两个至上"，坚守发展决不能以牺牲安全为代价这条不可逾越的红线。要牢固树立安全发展理念，把保护人民生命安全作为最现实的"国之大者"，把安全发展有机统一于贯彻新发展理念各领域、全过程，以高水平安全工作服务高质量发展。要切实增强各级干部尤其是领导干部法治思维，坚持依法行政，增强依法决策和依法行政能力。要进一步增强政治敏锐性和政治责任感，切实解决当前最突出、最紧迫、最薄弱的问题，坚决遏制重特大事故，以实际行动和实际成效践行"两个维护"。

（2）健全安全生产责任体系。全省各地特别是×市、×区要认真学习贯彻新修改的《安全生产法》，进一步健全"党政同责、一岗双责、齐抓共管、失职追责"的安全生产责任体系，健全工作机制，对事关人民生命安全的监管事项严格把关、紧盯不放。强化党委政府领导责任落实，进一步厘清和明晰各级、各部门职责范围边界，织密安全生产责任网，切实担负起"保一方平安，促一方发展"的政治责任。强化部门监管责任落实，做到清单化明责，建立健全联动机制，推动相关部门共同"向前走一步"，消除监管盲区、堵塞漏洞。强化企业主体责任落实，依法履行建设基本程序，严格规范建设项目施工行为，严格工程建设过程中的质量安全风险控制。

（3）及时发现制止非法违法施工行为。有关部门要密切配合，合力打击各类建设工程违法违规施工行为，对在日常巡查、检查中发现没有许可（备案）公示牌或者许可（备案）公示内容与现场不符的，要劝阻制止施工行为，并及时移交相关线索。要建立健全信息共享机制，及时推送建筑垃圾处置核准、建筑垃圾清运车辆行驶轨迹、建筑施工噪音举报等信息，主动发现并制止违法违规改扩建和装饰装修施工问题。要将应报（审）未报（审）的违法违规改扩建和装饰装修工程质量安全纳入监管，建立健全改扩建和装饰装修工程建设报告制度、工程管理制度，补齐制度短板，确保监管全方位无死角。

（4）有效管控人员密集场所装修施工安全风险。全省各地特别是×市、×区要强化对装修施工的监督管理，要将涉及人员密集场所建筑的改扩建和装饰装修工程纳入安全管理重点，对涉及改变建筑主体和承重结构的，要严格把关，施工期间一律不得进行经营活动。要加强人员密集场所施工现场监督检查，由实施许可（备案）工程建设项目的部门按照职责分工开展，发现不符合建设工程施工相关规定的，一律依法采取停止施工、封闭现场等措施。对不涉及房屋结构拆改无需许可（备案）的一般装修工程，建设和施工等单位要对火灾、坍塌等安全风险进行充分辨识，并采取安全管控措施，确保安全后方可用于营业。

（5）防范化解既有建筑重大安全风险。全省各地特别是×市、×区要推进既有建筑安全治理体系建设，结合实际抓紧制定完善既有建筑安全管理制度，实现既有建筑安全管理工作有法可依、规范有序、精准高效。加强既有建筑安全管理，下沉监管力量，强化技术支撑，建立健全权责匹配、运行有效的工作体系。建立完善既有建筑安全隐患动态排查治理机制，加强日常巡查和监督，形成隐患建筑清单，分类处置、系统整改。建立房屋安全管理档案，逐一摸清既有建筑立项、用地、规划、施工、消防、特种行业等建设及运营相关的行政许可手续办理情况，加强动态监管。对于隐患建筑在房屋交易网签备案系统予以记载，健全建筑市场诚信管理体系，依法将有关违规信息记入信用档案，纳入联合惩戒管理，积极营造公平竞争、诚信守法的建筑市场环境。要加大对既有建筑使用安全管理，对使用单位的工商登记等资质办理联合把关，确保既有建筑的使用安全。

（6）持续深化城市建设安全专项整治。全省各地特别是×市、×区要重点整治建筑工程项目未履行基本建设程序，施工单位无资质、超越资质，或以其他施工单位的名义承揽工程，不按设计、施工方案组织施工，以及"层层转包""以包代管"，租用、借用和挪用他人资质、证书承接或者从事有关建设工程业务等违法行为，切实阻止不符合条件的企业和人员进入建筑市场。同时要举一反三，扎实开展城市建设安全专项整治，摸清城市安全风险底数，全面提升城市建设本质安全水平，推动城市安全可持续发展。

（7）积极构建群防共治工作格局。全省各地特别是×市、×区要认真吸取此次事故血的教训，积极构建党委领导、政府负责、社会协同、公众参与的群防共治工作格局。扎实开展建筑安全法律法规、使用安全"五进"宣传教育活动，强化既有建筑所有权人（使用人）、相关从业人员和社会公众安全防范意识，努力营造全社会关注和全民参与的安全生产良好氛围。要充分发挥物业管理人员、社区网格员、综合执法人员的前哨作用，将擅自变更建筑用途、改变建筑主体结构或承重结构等安全问题作为日常巡查、检查的重要内容，主动发现、劝阻制止，并及时向社区或乡镇（街道）报告。要落实投诉举报奖励制度，充分发挥既有建筑安全隐患投诉举报机制作用。

案例三　芜湖市弋江区 × 制冷设备维修服务部"11·28"较大火灾事故

起火时间：2020 年 11 月 28 日。

伤亡人数：火灾造成 3 人死亡、无人员受伤，直接财产损失约 360 万元。

一、基本情况

1. 事故建筑基本情况

芜湖弋江区 × 小区占地面积为 166 152 m²，规划户数 3 045 户，商铺 159 个，住宅楼 49 栋，132 个单元。

事故建筑位于芜湖市弋江区 × 公寓，公寓楼为钢筋混凝土结构高层建筑，共 23 层，高度 79.5 m，地上一层为商业，地上二层以上为住宅，总建筑面积为 22 010.91 m²，于 2010 年投入使用。建筑坐南朝北，西邻九华南路，北靠小区道路，南靠商业街道路，东邻高层住宅楼。事故建筑为北京市 × 物业管理股份有限公司芜湖分公司负责管理（2018 年 12 月 1 日至今）。起火店铺位于建筑南侧一层东第三间，注册名为弋江区 × 制冷设备维修服务部，建筑面积 81.71 m²，店铺楼层高度 5.3 m。经调查，2014 年经营者 × 彬（男）与 × 影（女）夫妇购买此店铺并装修，将内部设置夹层，底层层高 2.7 m，夹层层高 2.6 m。其中底层北墙侧有一钢架楼梯，东西走向，用于上夹层，楼梯旁墙体上安装一面窗户设有不锈钢防盗窗，靠西北角有一卫生间，楼梯南侧有一吧台，底层往南中间为底层走道，东西两侧摆放大量带有可燃物纸箱包装的冰箱、洗衣机和空调外机等物品，底层南面为玻璃门出入口，门口摆放有五辆电动自行车和洗衣机零部件；夹层北半部分用于仓储，靠西侧墙面有三个货架依次横向隔开摆放，东侧墙面有两个货架依次竖向相邻摆放，货架上均摆放带有可燃物纸箱包装的家电；夹层南半部分东西分隔为宿舍和仓库，其中西侧为宿舍，给三个女孩居住，室内摆放一大一小两张床、一个衣柜、一张梳妆台和一台空调，东侧为仓库，设有货架摆放配件物品。

2. 事故单位基本情况

经调查，发生火灾店铺注册信息为弋江区 × 制冷设备维修服务部，经营人为 × 影，类型为个体工商户，注册资金为 3 万元，组成形式为个人经营，经营场所为芜湖市弋江区某某小区 × 号楼 × 号，注册时间为 2017 年 3 月 23 日；经营范围为家电安装、售后服务（依法须经批准的项目，经相关部门批准后方可开展经营活动），登记状态为正常，委托登记机关为芜湖市弋江区×局，受委托登记机关为芜湖市弋江区×所。

二、火灾原因和经过

1. 火灾的直接原因

弋江区×制冷设备维修服务部底层西南角地面插线板电源线电气线路短路引起火灾。

2. 火灾发生经过

2020年11月27日18时51分许，×公寓×服务部经营者×影与×彬开车到达门面，先后进入店内对室内外货物进行整理，约19时27分许，店内3名女员工收拾衣物等物品后相继离开。之后1个小时时间里，相继有两名维修师傅进店并相继离开现场，在这期间，经营者×影与×彬开车离开门面。21时26分许，3名女员工回到店内，并将电动自行车停放于隔壁宾馆门口，并对门口货物进行整理，对电动自行车进行充电。之后，在11月28日2时49分许，门面内出现火光，之后火势逐渐蔓延扩大，造成火灾，隔壁宾馆老板和物业保安相继发现火灾并报警。

三、事故教训

1. 事故店铺消防安全主体责任不落实

事故店铺经营者未建立安全生产制度，消防安全意识淡薄，在将原经营场所进行改造时，未按照国家有关建设和消防安全等技术标准进行设计和施工，并拆除原有消防喷淋设施，在消防安全措施不符合消防安全技术要求的情况下，堆放大量可燃物，未落实消防安全责任制，未定期开展防火检查并及时消除火灾隐患，违规私接电线，使用不合格电线对电动自行车进行充电。

2. 店铺私自改造合用场所问题突出

事故店铺经营者在装修时改造楼层格局违规建造夹层，夹层内违规住人。

3. 地方政府及其有关部门消防安全监管不到位

×街道办事处安全生产（消防）网格化管理未发挥实际作用，各级网格责任未层层压实，社区隐患排查和宣传教育流于形式。有关部门对事故场所长期存在的消防安全隐患失察失管，消防安全专项整治力度不够，消防安全宣传教育未全覆盖。×政府对辖区有关部门和街道办事处履行消防安全监管工作指导、监督不力，对事故店铺消防安全监督检查存在盲区。

四、责任认定和处理建议

给予事故单位及相关单位人员处理建议（2 人）

（1）×彬，弋江区×制冷设备维修服务部实际控制人，消防安全意识淡薄，消防安全主体责任不落实，违规拆除消防喷淋设施，在消防安全措施不符合消防安全技术要求的情况下，违规安排人员居住，违规私拉电线使用不合格的电线对电动自行车进行充电，对事故发生负有直接责任。其行为涉嫌犯罪，建议移送司法机关依法处理。

（2）×影，×服务部经营者，消防主体责任不落实，对经营场所用消防安全管理不到位，对事故发生负有直接责任。其行为涉嫌犯罪，建议移送司法机关依法处理。

案例四　×区汶水路×号村民住宅
"9·29"较大火灾事故

起火时间：2020 年 9 月 29 日 13 时 10 分许。

伤亡人数：火灾造成 5 人死亡、1 人受伤，直接财产损失约 43.05 万元。

一、基本情况

1. 起火建筑情况

起火建筑为×小区 11 号，村民住宅，院内设有主体建筑 1 幢，为二层砖混结构房屋，人字形砖木结构屋顶，建筑高 6 m，东西长 12 m，南北宽 9 m，建筑面积 180 m²。主体建筑一层自东向西，北半部分依次为卫生间、敞开楼梯间、厨房间；南半部分依次为 2 间卧室、客厅。二层自东向西，北半部分依次为卫生间、敞开楼梯间、卧室；南半部分为 3 间卧室，其中东西两侧卧室设有阳台。院子东南角为一砖混结构单层建筑。主体建筑南侧与院墙之间采用木板搭建简易房作为卧室，北侧与院墙之间搭建单层彩钢板结构顶棚，下方搭建 5 间简易房，其中 3 间为卧室、1 间为厨房、1 间为卫生间，其他部位作为走道、堆放杂物使用。

2. 租赁情况

×苑的土地性质为村集体土地，主体建筑于 1994 年建造，房屋产权为村集体所有。11 号楼房主为某某三，于 1995 年在院子东南角建造单层砖混结构建筑，在 2016 年底至 2017 年初，又在主体建筑与院墙之间搭建简易钢结构玻璃钢顶棚。

2017 年 7 月，×祥和×霞夫妇承租该房屋后在院子露天区域加盖顶棚，并在顶棚上铺设彩钢板，其中部分为泡沫夹芯彩钢板；同时，在顶棚下方搭设简易房。除主体建筑二层南侧 3 间房间由 × 祥、× 霞自用外，其余房间均用于转租，共转租给 7 户。承租及转租行为均以口头形式约定。

二、事故发生经过

1.起火经过

起火当日，11 号村民住宅内共有 18 人居住，主体建筑内居住 9 人，南侧木板简易房内居住 9 人。经查，第一发现人为 11 号院子内南侧木板简易房内居住的租客 × 亮，听到异响后，发现在其房间西侧的电动自行车停放区域起火，随即呼叫其他租客，后从主体建筑一楼半楼梯平台处的外窗逃生。第一报警人为小区 34 号楼住户 × 敏，听到异响并看到 11 号院门口窜出明火，随后报警。

2.消防救援情况

接警后，市应急联动中心先后调派大场、彭浦、桃浦、江杨等 4 个消防救援站共 16 辆消防车、80 余名指战员赶赴现场参与扑救。主管消防救援站于 05 时 13 分到场，05 时 16 分出水，05 时 39 分控制，05 时 58 分熄灭。

消防救援力量到场后，按照"科学施救、救人第一"原则，疏散院内居住自救逃生人员 13 人，在东北侧搭建临时建筑过道内发现 3 名遇难人员，在院内主体建筑南侧过道上发现 2 名遇难人员。

三、事故原因

1.起火原因

经过现场勘验、调查询问、现场指认、视频分析及物证技术鉴定等工作，认定该起火灾的起火部位为 × 区 × 路 × 号院内主体建筑南侧顶棚下方西半部分，起火点为顶棚下方近院门中部，起火原因为 × 祥使用的电动自行车充电过程中锂离子蓄电池故障引发火灾。

2.火灾蔓延扩大原因

11 号楼院内搭建的临时建筑部分为泡沫夹芯板钢架结构，并与主体建筑相连，耐火等级低，火势发展迅速。起火物为电动自行车锂离子蓄电池，起火后火势发展猛烈，产生大量有毒烟气，起火的电动自行车堵塞疏散通道，导致部分人员无法及时逃生。

四、责任追究及延伸调查情况

1.使用管理责任调查

（1）× 祥和 × 霞，作为房屋的承租及转租方，法律意识淡薄，未履行消防安全职责，消防安全管理混乱。为追求经济利益最大化，私自在院内空地搭建房屋，且采用泡沫夹芯板材料。未规范电动自行车停放及充电行为，未落实隔离、监护等防范措施，停放在院子出入口处的电动自行车引发火灾，堵塞院子唯一出入口，造成部分人员无法逃生。

（2）×三，作为房屋出租方，未依法依规履行安全管理责任，对其出租房屋安全管理职责落实不到位。

（3）×村民委员会对村民出租房屋存在的安全隐患未有效履行消防安全管理职责。

2. 电动自行车责任调查

目前，区公安、市场监督管理、消防部门已组成联合调查组，启动走访排摸、锁定销售商铺等，对肇事电动自行车锂离子蓄电池组、充电器等进行追根溯源。经询问，肇事电动自行车系×祥于 2017 年左右向其亲戚何某购买。公安非机动车信息库内登记车主仍是其亲戚，其亲戚于 2016 年一手购买。其锂电池，由×祥于 2018 年 3 月在×区×路×号的雅迪电动自行车网点购入（72 V锂电池），目前该店铺已转租由其他人员经营。公安机关对当时店铺实际经营者留存信息深入追查时，发现经营者留存信息均存在涉嫌冒用他人身份信息、与实际情况不匹配等情况，导致线索中断，调查组将继续排摸、跟踪追查。电动自行车销售、登记等环节未发现违法违规情况。

3. 对事故有关责任人员的处理建议

追究刑事责任情况：

（1）×祥，住宅承租及转租方，法律意识淡薄，私自搭建临时建筑用于出租，对电动自行车停放、充电等行为疏于管理，其本人停放的电动自行车充电过程中锂电池故障引发火灾，对事故的发生负有主要责任。因涉嫌失火罪，已于 2020 年 10 月 21 日被×区检察院批准逮捕。

（2）×霞，住宅承租及转租方，法律意识淡薄，私自搭建临时建筑用于出租，对电动自行车停放、充电等行为疏于管理，对事故的发生负有责任。因涉嫌失火罪，已于 2020 年 10 月 21 日被×区检察院批准逮捕。

（3）×三，住宅房主，对出租房屋安全管理职责落实不到位，对事故的发生负有责任。因涉嫌失火罪，已于 2020 年 9 月 23 日被×公安分局批准取保候审。

案例五　宁波×日用品有限公司"9·29"火灾事故

起火时间：2019 年 9 月 29 日 13 时 10 分许。

伤亡人数：19 人死亡，3 人受伤（其中 2 人重伤、1 人轻伤），过火总面积约 1 100 m²，直接经济损失约 2 380.4 万元。

一、起火单位基本情况

× 公司成立于 2015 年 3 月 23 日，法定代表人 × 苹，实际负责人为其丈夫 × 才，占股 57.35%，股东 × 飞占股 42.65%。该公司注册资本 100 万元整，住所地址位于 × 县 × 街道 × 路 × 号，企业类型为有限责任公司，经营范围为日用品、塑料制品、工艺品、五金制品、机械设备、文具用品、电子产品、手电筒制造、加工，洗涤剂（不含磷）、芳香剂、汽车香水包装加工，自营和代理货物与技术的进出口，但国家限定经营或禁止进出口的货物与技术除外。该公司有员工 28 人，从 2015 年 4 月起租用宁海县 × 文具厂（法定代表人某裕）厂房从事生产经营活动，2018 年实现销售收入约 610 万元。

起火建筑位于 × 县 × 街道 × 路 × 号，占地面积 1 081 m²，分东西两幢砖混结构，其中东侧建筑共两层，单层面积 160 m²，一层西侧建筑一层灌装车间内储存各类生产原料，包括香精（主要成分为酮醚醇类溶剂）、稀释剂（主要成分为异构烷烃）、甲醇、酒精、乙酸甲酯等，其中装稀释剂的铁桶 33 个，单桶容积为 200 L。生产香水的主要原料为异构烷烃，大部分由二甲基烷烃和三甲基烷烃等组成，闪点 >63 ℃，火灾危险性为丙类。

二、火灾原因及起火经过

该起事故的直接原因是 × 公司员工 × 松将加热后的异构烷烃混合物倒入塑料桶时，因静电放电引起可燃蒸气起火并蔓延成灾。

9 月 29 日 13 时 10 分许，× 公司员工 × 松在厂房西侧一层灌装车间用电磁炉加热制作香水原料异构烷烃混合物，在将加热后的混合物倒入塑料桶时，因静电放电引起可燃蒸气起火燃烧。× 松未就近取用灭火器灭火，而采用纸板扑打、覆盖塑料桶等方法灭火，持续 4 分多钟，灭火未成功。火势渐大并烧熔塑料桶，引燃周边易燃可燃物，一层车间迅速进入全面燃烧状态并发生了数次爆炸。13 时 16 分许，燃烧产生的大量一氧化碳等有毒物质和高温烟气，向周边区域蔓延扩大，迅速通过楼梯向上蔓延，引燃二层、三层成品包装车间可燃物。13 时 27 分许，整个厂房处于立体燃烧状态。

13 时 14 分，× 县消防救援大队（原 × 县公安消防大队，下同）接到报警后，第一时间调集力量赶赴现场处置。宁波市、宁海县人民政府接到报告后，迅速启动应急预案，主要负责同志立即赶赴现场，调动消防、公安、应急管理等有关单位参加应急救援，共出动消防车 25 辆、消防救援人员 115 人。

现场明火于 15 时许被扑灭。因西侧建筑随时可能发生爆炸，且建筑物燃烧导致楼板坍塌或变形，随时可能形成二次坍塌。经建筑结构专家安全评估，不宜立即采取内攻搜救。风险排除后，9月30日3时20分许，搜救人员进入西侧建筑三层包装车间，在西南角发现18名遇难人员；4时10分许，在西侧建筑一层灌装车间南侧又发现1名遇难人员，事故遇难的19人均被发现。截止到9月30日傍晚，事故现场残存化品储存罐体已全部处置完毕，由宁波市北仑环保固废有限公司运往北仑区进行专业处置。

三、事故教训

1. 某某公司安全生产主体责任不落实

（1）违规使用、存储危化品。

事故企业生产工艺未经设计，违规使用易产生静电的塑料桶灌装非极性液体化学品，加工过程中多次搅拌产生并积聚静电；违规使用没有温控、定时装置的电磁炉和铁桶加热可燃液体原料，产生大量可燃蒸气，因静电放电引起可燃蒸气起火；违规将甲醇、酒精等易燃可燃危化品及异构烷烃等其他化学品存储在不符合条件的厂房西侧建筑一楼内。

（2）建筑存在重大安全隐患。

厂房建筑为违法建筑，未办理规划审批、施工许可、消防验收等手续，擅自违法翻建、投入使用；厂房耐火等级低，楼板为钢筋混凝土预制板，结构强度低，多次爆炸后，部分楼板坍塌，导致内攻搜救行动受阻；厂房窗口违规设置影响人员逃生的铁栅栏，厂区内违规搭建钢棚导致高温烟气迅速向楼内蔓延扩大，仅有的一个楼梯迅速被高温烟气封堵，导致人员无法逃生。

（3）安全生产管理混乱。

企业负责人未有效落实安全生产主体责任，未及时组织消除生产安全事故隐患。建筑内生产车间和仓库未分开设置，作业区域内堆放大量易燃可燃物。企业未组织制定安全生产规章制度和操作规程，未组织开展消防安全疏散逃生演练，未组织制定并实施安全生产教育和培训计划。

（4）安全生产意识淡薄。

企业负责人重效益轻安全，安全生产工作资金投入不足，各项基础薄弱。企业违规租用不具备安全生产条件的厂房用于生产日用化工品，未在事故发生第一时间组织人员疏散逃生。

2. ×县×文具厂违法建设、非法出租

（1）×县×文具厂在2014年3月完成厂房的违法翻建，未办理规划审批、施工许可、消防验收等手续，擅自投入使用。

（2）×县×文具厂将不具备安全生产条件的厂房出租给×公司从事生产。

（3）×县×文具厂未及时发现和报告×公司违规使用、储存危化品生产等违法行为。

3. 地方政府安全生产监管职责落实不力

（1）×县委县政府未牢固树立安全发展的科学理念，落实安全生产责任制不到位，贯彻执行国家安全生产法律法规以及上级的部署要求不力，对安全生产隐患排查整治工作组织不力，领导街道及相关职能部门履行安全生产监管职责不到位。

（2）街道贯彻执行国家安全生产法律法规以及上级的部署要求不力，组织辖区企业开展安全生产、消防安全工作不力，落实辖区企业安全生产隐患排查整治不力。街道发展服务科、安监中心安全宣传教育、日常安全监管检查不力。

（3）负有安全生产、消防监管职责部门履职不到位。①×县应急管理局贯彻落实上级部署要求不到位，对列入监管的危化品使用企业安全监管不力，督促指导×街道开展安全生产监管工作不到位。②×县消防救援大队开展消防安全宣传教育、日常消防监督检查不深入，指导相关行业部门、×街道开展消防安全管理工作不到位。③×县公安局×街道派出所未认真履行消防安全监管工作职责，组织日常消防监督检查不深入，开展消防安全宣传教育不到位。

（4）其他有关部门对安全相关工作监管、指导、督促不到位。①×县综合行政执法局对×街道违法建筑摸排指导不力，对事故厂房、钢棚等违法建筑未进行依法处置。②×县自然资源和规划局对未取得建设工程规划许可的事故厂房排查处置不到位。在不动产登记现场核实时，对发现的问题未采取有效措施。③×县住建局对未办理施工许可的事故厂房排查和处置不到位。④×县经信局牵头推进淘汰落后产能、开展"低小散"企业整治工作不到位。⑤中介技术机构服务流于形式。×县×安全技术咨询有限公司作为中介技术机构，未有效落实第三方服务安全生产检查工作要求，对某某公司开展的安全生产检查走形式、不全面，未及时发现和报告存在的安全风险隐患。

四、火灾事故处理情况

1. 因在事故中死亡，免予追究责任人员

（1）×苹，×公司法定代表人，公司生产管理负责人，对事故发生负有主要责任。

（2）×才，×公司实际控制人，法定代表人×苹的丈夫，公司生产管理负责人，对事故发生负有主要责任。

（3）×松，×公司员工，对事故发生负有直接责任。

2. 追究刑事责任人员

（1）×飞，×公司股东，涉嫌重大责任事故罪，于2019年10月12日被公安机关采取刑事强制措施。

（2）×裕，×县×文具厂法定代表人，涉嫌重大劳动安全事故罪，于2019年10月13日被公安机关采取刑事强制措施。

3. 给予党纪政务处分人员

（1）×勇，宁波×区党工委副书记、管委会主任，原×县委书记，诫勉谈话处理。

（2）×坚，×县委书记，原×县县长，党内严重警告处分。

（3）×海，×县委常委、常务副县长，党内严重警告、政务记大过处分。

（4）×林，×县应急管理局党组书记、局长，政务记大过处分。

（5）×鹏，×县应急管理局党组成员、副局长，政务记大过处分。

（6）×铮，×县消防救援大队大队长，相当于政务记过处分档次的处分。

（7）×晗，×县消防救援大队助理工程师，相当于政务记大过处分档次的处分。

（8）×斌，×县综合行政执法局党组成员、副局长，政务记过处分。

（9）×元，×县综合行政执法局梅林中队中队长，党内严重警告处分，同时免去梅林中队中队长职务。

（10）×涛，×县自然资源和规划局党委委员、副局长，政务警告处分。

（11）×方，×县住房和城乡建设局党委副书记、副局长，政务记过处分。

（12）×强，×县经济和信息化局党委委员、副局长，政务警告处分。

（13）×村，×县×街道党工委书记，撤销党内职务处分。

（14）×伟，×县×街道党工委副书记、办事处主任，撤销党内职务，政务撤职处分。

（15）×明，×县×街道办事处副主任，政务记过处分。

（16）×虎，×县×街道办事处工作人员，政务记过处分。

（17）×霄，×县×街道办事处副主任，政务记大过处分。

（18）×钏，×县×街道办事处科长，党内严重警告处分（影响期二年），同时免去×街道办事处科长职务。

（19）×亮，×县×街道办事处公共安全监管中心主任，党内严重警告处分（影响期二年），同时免去×街道办事处公共安全监管中心主任职务。

（20）×平，×县×街道党工委委员、派出所所长，政务记过处分。

（21）×明，×县×街道派出所民警，政务记大过处分。

案例六 江苏响水 × 化工有限公司 "3·21" 特别重大爆炸事故

起火时间：2019 年 3 月 21 日 14 时 48 分许。

伤亡人数：造成 78 人死亡、76 人重伤，640 人住院治疗，直接经济损失 198 635.07 万元。

一、基本情况

× 公司成立于 2007 年 4 月 5 日，主要负责人由其控股公司倪家巷集团委派，重大管理决策需倪家巷集团批准。企业占地面积 14.7 万 m^2，注册资本 9 000 万元，员工 195 人，主要产品为间苯二胺、邻苯二胺、对苯二胺、间羟基苯甲酸、3, 4- 二氨基甲苯、对甲苯胺、均三甲基苯胺等，主要用于生产农药、染料、医药等。企业所在的响水县生态化工园区（以下简称生态化工园区）规划面积 10 km^2，已开发使用面积 7.5 km^2，现有企业 67 家，其中化工企业 56 家。2018 年 4 月因环境污染问题被中央电视台《经济半小时》节目曝光，江苏省原环保厅建议响水县政府对整个园区责令停产整治；9 月响水县组织 11 个部门对停产企业进行复产验收，包括 × 公司在内的 10 家企业通过验收后陆续复产。

二、事故原因及事故经过

事故调查组通过深入调查和综合分析认定，事故直接原因为 × 公司旧固废库内长期违法贮存的硝化废料持续积热升温导致自燃，燃烧引发硝化废料爆炸。起火位置为 × 公司旧固废库中部偏北堆放硝化废料部位。经对 × 公司硝化废料取样进行燃烧实验，表明硝化废料在产生明火之前有白烟出现，燃烧过程中伴有固体颗粒燃烧物溅射，同时产生大量白色和黑色的烟雾，火焰呈黄红色。经与事故现场监控视频比对，事故初始阶段燃烧特征与硝化废料的燃烧特征相吻合，认定最初起火物质为旧固废库内堆放的硝化废料。事故调查组认定贮存在旧固废库内的硝化废料属于固体废物，经委托专业机构鉴定属于危险废物。事故调查组通过调查逐一排除了其他起火原因，认定为硝化废料分解自燃起火。经对样品进行热安全性分析，硝化废料具有自分解特性，分解时释放热量，且分解速率随温度升高而加快。实验数据表明，绝热条件下，硝化废料的贮存时间越长，越容易发生自燃。× 公司旧固废库内储存的硝化废料，最长储存时间超过七年。在堆垛紧密、通风不良的情况下，长期堆积的硝化废料内部因热量累积，温度不断升高，对两个样品进行热安全性分析，达到 163.6℃能发生自燃。通过热安全性分析实验及理论计算可知：绝热条件下，硝化废料起始温度为 39.2℃时，因自分解放热，储存一年后温度会升至自燃点，发生自燃；硝化废料起始温度为 26.8℃时，三年后会发生自燃；硝化废料起始温度为 21.1℃时，五年后会发生自燃；硝化废料起始温度为 17.3℃时，七年后会发生自燃。堆积的硝化废料达到自燃温度时发生自燃，火势迅速蔓延至整个堆垛，堆垛表面快速燃烧，内部温度快速升高，硝化废料剧烈分解发生爆炸，同时殉爆库房内的所有硝化废料，共计约 600 t 袋（1 t 袋可装约 1 t 货物）。

三、事故教训

1. 安全发展理念不牢，红线意识不强

江苏省盐城市对发展化工产业的安全风险认识不足，对欠发达地区承接淘汰落后产能没有把好安全关。响水县本身不具备发展化工产业条件，却选择化工作为主导产业，盲目建设化工园区，且没有采取有效的安全保障措施，甚至为了招商引资，违法将县级规划许可审批权下放，导致一批易燃易爆、高毒高危建设项目未批先建。2018 年 4 月，江苏省原环保厅要求响水化工园区停产整顿，响水县政府在风险隐患没有排查治理完毕、没有严格审核把关的情况下，急于复产复工，导致 × 公司等一批企业通过复产验收。这种重发展、轻安全的问题在许多地方仍不同程度存在，一些党政领导干部没有牢固树立新发展理念，片面追求 GDP，安全生产说起来重要、做起来不重要，没有守住安全红线。

2. 地方党政领导干部安全生产责任制落实不到位

江苏省委省政府 2018 年度对各市党委政府和部门工作业绩综合考核中，安全生产工作权重为零。盐城市委常委会未按规定每半年听取一次安全生产工作情况汇报，在市委、市政府 2018 年度综合考核中，只是将重特大事故作为一票否决项，市委领导班子述职报告中没有提及安全生产，除分管安全生产工作的市领导外，市委书记、市长和其他领导班子成员对安全生产工作只字未提。2018 年响水县委常委会会议和政府常务会议都没有研究过安全生产工作。实行"党政同责、一岗双责、齐抓共管、失职追责"是中央提出的明确要求，健全和严格落实党政领导干部安全生产责任制是做好安全生产工作的关键和保障，如果这一制度形同虚设，重视安全生产也就成为一句空话。

3. 防范化解重大风险不深入不具体，抓落实有很大差距

党中央多次部署防范化解重大风险，江苏作为化工大省，近年来连续发生重特大事故，教训极为深刻，理应对防范化解化工安全风险更加重视，但在开展危险化学品安全综合治理和化工企业专项整治行动中，缺乏具体标准和政策措施，没有紧紧盯住重点风险、重大隐患采取有针对性的办法，在产业布局、园区管理、企业准入、专业监管等方面下功夫不够，防范化解重大安全风险停

留在层层开会发文件上，形式主义、官僚主义严重。防范化解重大风险重在落实，各地区都要深入查找本行政区域重大安全风险，坚持问题导向，做到精准治理。

4.有关部门落实安全生产职责不到位，造成监管脱节

党中央明确"管行业必须管安全、管业务必须管安全、管生产经营必须管安全"，但相关部门对各自的安全监管职责还存在认识不统一的问题。这起事故暴露出监管部门之间统筹协调不够、工作衔接不紧等问题。虽然江苏省、市、县政府已在有关部门安全生产职责中明确了危险废物监督管理职责，但应急管理、生态环境等部门仍按自己理解各管一段，没有主动向前延伸一步，不积极主动、不认真负责，存在监管漏洞。这次事故还反映出相关部门执法信息不共享，联合打击企业违法行为机制不健全，没有形成政府监管合力。

5.企业主体责任不落实，诚信缺失和违法违规问题突出

×公司主要负责人曾因环境污染罪被判刑，仍然实际操控企业。该企业自2011年投产以来，为节省处置费用，对固体废物基本都以偷埋、焚烧、隐瞒堆积等违法方式自行处理，仅于2018年底请固体废物处置公司处置了两批约480 t硝化废料和污泥，且假冒"萃取物"在环保部门登记备案；企业焚烧炉在2016年8月建成后未经验收，长期违法运行。一些环评和安评中介机构利欲熏心，出具虚假报告，替企业掩盖问题，成为企业违法违规的"帮凶"。对涉及生命安全的重点行业企业和评价机构，不能简单依靠诚信管理，要严格准入标准，严格加强监管，推动主体责任落实。

6.对非法违法行为打击不力，监管执法宽松软

响水县环保部门曾对×公司固体废物违法处置行为作出八次行政处罚，原安监部门也对该企业的其他违法行为处罚过多次，但都没有一查到底。这种以罚代改、一罚了之的做法，客观上纵容了企业违法行为。目前法律法规对企业严重不诚信、严重违法违规行为处罚偏轻，往往是事故发生后追责，对事前违法行为处罚力度不够，而且行政执法与刑事司法衔接不紧，造成守法成本高、违法成本低，一些企业对长期违法习以为常，对法律几乎没有敬畏。

7.化工园区发展无序，安全管理问题突出

江苏省现有化工园区54家，但省市县三级政府均没有制定出台专门的化工园区规划建设安全标准规范，大部分化工园区是市县审批设立，企业入园大多以投资额和创税为条件。涉事化工园区名为生态化工园，实际上引进了大量其他地方淘汰的安全条件差、高毒高污染企业，现有化工生产企业40家，涉及氯化、硝化企业25家，构成重大危险源企业26家，且产业链关联度低，也没有建设配套的危险废物处置设施，"先天不足、后天不补"，导致重大安全风险聚集。目前全国共有800余家化工园区（化工集中区），规划布局不合理、配套设施不健全、入园门槛低、安全隐患多、专业监管能力不足等问题比较普遍，已经形成系统性风险。

8. 安全监管水平不适应化工行业快速发展需要

我国化工行业多年保持高速发展态势，产业规模已居世界第一，但安全管理理念和技术水平还停留在初级阶段，不适应行业快速发展需求，这是导致近年来化工行业事故频繁发生的重要原因。监管执法制度化、标准化、信息化建设进展慢，安全生产法等法律法规亟须加大力度修订完善，化工园区建设等国家标准缺失，危险化学品生产经营信息化监管严重滞后，缺少运用大数据智能化监控企业违法行为的手段。危险化学品安全监管体制不健全、人才保障不足，缺乏有力的专职监管机构和专业执法队伍，专业监管能力不足问题非常突出，加上一些地区贯彻落实中央关于机构改革精神有偏差，简单把安监部门牌子换为应急管理部门，只增职能不增编，从领导班子到干部职工没有大的变化，使原本量少质弱的监管力量进一步削弱。国务院办公厅和江苏省 2015 年就明文规定，到 2018 年安全生产监管执法专业人员配比达到 75%，至今江苏省仅为40.4%，其他一些地区也有较大差距。2016 年中共中央、国务院印发了《关于推进安全生产领域改革发展的意见》，提出加强危险化学品安全监管体制改革和力量建设，建立有力的协调联动机制，消除监管空白，但推动落实不够。

四、火灾事故处理情况

1. 公安机关处置情况

公安机关已采取强制措施人员 44 人，由江苏省另行公布。鉴于 × 公司等企业及其相关人员，涉嫌严重刑事犯罪，造成的损失极其重大、后果极其严重、社会影响极为恶劣，建议由司法机关依据《刑法》对相关人员提起诉讼，依法从严从重予以惩处。此外，× 公司有 3 名责任人在事故中死亡，免于追究刑事责任。

2. 火灾事故调查进展

有关公职人员对于在事故调查过程中发现的地方党委政府及有关部门的公职人员履职方面的问题和涉嫌腐败等线索及相关材料，已移交中央纪委国家监委江苏响水"3·21"特别重大爆炸事故责任追究审查调查组。对有关人员的党政纪处分和有关单位的处理意见，由中央纪委国家监委提出；涉嫌刑事犯罪人员，由中央纪委国家监委移交司法机关处理。

3. × 公司和中介机构处理建议

（1）× 公司。

①依据《环境影响评价法》《固体废物污染环境防治法》《建设项目环境

保护管理条例》，对×公司苯二胺项目工艺变更后，未按照规定重新报批建设项目的环境影响评价文件，未及时申报硝化废料，非法储存、处置危险废物，固废和废液焚烧项目长期违法运行等违法行为，没收其违法所得并处以罚款，并对直接负责的主管人员和其他责任人员处以罚款。

②依据《安全生产法》《生产安全事故报告和调查处理条例》，吊销×公司安全生产许可证等有关证照，并处罚款；×公司主要负责人受刑事处罚，自刑罚执行完毕起，五年内不得担任任何生产经营单位的主要负责人，终身不得担任化工行业生产经营单位的主要负责人。

（2）中介机构。

①苏州×技术有限公司、江苏省×科学研究院、盐城市×环保科技有限公司、江苏省×科技有限责任公司、盐城市×中心站。依据《环境影响评价法》，没收违法所得，并处违法所得五倍的罚款；禁止从事环境影响报告书、环境影响报告表编制工作；编制主持人和主要编制人员五年内禁止从事环境影响报告书、环境影响报告表编制工作。

②江苏×安全技术有限公司。依据《安全生产法》，没收违法所得，并处违法所得五倍的罚款，吊销安全评价机构资质，对其直接负责的主管人员和其他责任人员处五万元的罚款。按照国家有关规定，对该机构及其责任人员实行行业禁入，纳入不良记录"黑名单"管理。

案例七　河南平顶山"5·25"特别重大火灾事故

起火时间：2015年5月25日19时30分许。

伤亡人数：39人死亡、6人受伤，过火面积745.8 m²，直接经济损失2 064.5万元。

一、基本情况

1. 单位概况

×园老年公寓位于河南省平顶山市鲁山县×街道办事×村×转盘西南、紧邻南北向×大道，法定代表人×枝（鲁山县人，女，50岁）。该老年公寓注册资金50万元，为民办养老机构。事故发生前有常住老人130人左右、工作人员25人（管理人员7人、护工14人、其他人员4人）。火灾发生时，不能自理区共住有52名老人、4名护工。

2. 资质情况

×园老年公寓于2010年12月14日取得平顶山市民政局核发的《社会福

利机构设置批准证书》，有效期限至 2013 年 12 月 14 日。业务范围主业为养老、托老，兼业为康复、医疗。

2012 年 11 月 20 日取得鲁山县民政局核发的《民办非企业单位登记证书》。

2014 年 1 月 1 日取得鲁山县民政局核发的《养老机构设立许可证》，有效期限至 2019 年 3 月 1 日。服务范围为老年人生活照料、康复护理、精神慰藉、文化娱乐等。

二、起火经过及火灾原因

5 月 25 日 19 时 30 分许，×园老年公寓不能自理区女护工×霞、×新在起火建筑西门口外聊天，突然听到西北角屋内传出异常声响，两人迅速进屋，发现建筑内西墙处的立式空调以上墙面及顶棚区域已经着火燃烧。×霞立即大声呼喊救火并进入房间拉起西墙侧轮椅上的两位老人往室外跑，再次返回救人时，火势已大，自己被烧伤，×新向外呼喊求助。由于大火燃烧迅猛，并产生大量有毒有害烟雾，老人不能自主行动，无法快速自救，导致重大人员伤亡、不能自理区全部烧毁。

不能自理区男护工×利、×卿，×德（×枝的丈夫），消防主管×阳和半自理区女护工×莉等听到呼喊求救后，先后到场施救，从起火建筑内救出 13 名老人，×枝组织其他区域人员疏散。在此期间，×枝、×阳发现起火后先后拨打 119 电话报警。

老年公寓不能自理区西北角房间西墙及其对应吊顶内，给电视机供电的电器线路接触不良发热，高温引燃周围的电线绝缘层、聚苯乙烯泡沫、吊顶木龙骨等易燃可燃材料，造成火灾。

造成火势迅速蔓延和重大人员伤亡的主要原因是建筑物大量使用聚苯乙烯夹芯彩钢板（聚苯乙烯夹芯材料燃烧的滴落物具有引燃性），且吊顶空间整体贯通，加剧火势迅速蔓延并猛烈燃烧，导致整体建筑短时间内垮塌损毁；不能自理区老人无自主活动能力，无法及时自救造成重大人员伤亡。

三、火灾事故处理情况

此次火灾是一起生产安全责任事故。

1. 司法机关已采取措施人员（31 人）

（1）×枝，鲁山县×园老年公寓法定代表人、院长。因涉嫌重大责任事故罪，5 月 26 日被刑事拘留，6 月 9 日被批准逮捕。

（2）×秧，鲁山县×园老年公寓副院长。因涉嫌重大责任事故罪，5 月 26 日被刑事拘留，6 月 9 日被批准逮捕。

（3）×卿，鲁山县×园老年公寓副院长。因涉嫌重大责任事故罪，5 月 26 日被刑事拘留，6 月 9 日被批准逮捕。

（4）×成，鲁山县×园老年公寓办公室主任。因涉嫌重大责任事故罪，5月26日被刑事拘留，6月9日被批准逮捕。

（5）×阳，鲁山县×园老年公寓消防安全主管。因涉嫌重大责任事故罪，5月26日被刑事拘留，6月9日被批准逮捕。

（6）×廷，鲁山县×园老年公寓电工。因涉嫌重大责任事故罪，5月26日被刑事拘留，6月9日被批准逮捕。

（7）×杰，鲁山县×卷闸门彩钢瓦门店个体老板。因涉嫌重大责任事故罪，5月29日被刑事拘留，6月9日被批准逮捕。

（8）×钢，鲁山县×局原党组副书记、局长。因涉嫌滥用职权罪，6月11日被立案侦查，同日采取指定居所监视居住，7月10日被批准逮捕。

（9）×凯，鲁山县×大队大队长。因涉嫌玩忽职守罪，6月11日被立案侦查，同日被刑事拘留，6月24日被批准逮捕。

（10）×峰，原鲁山县×局党委委员。因涉嫌玩忽职守罪，6月11日被立案侦查，同日被刑事拘留，6月24日被批准逮捕。

（11）×超，鲁山县×局×派出所副所长。因涉嫌玩忽职守罪，6月11日被立案侦查，同日被刑事拘留，6月24日被批准逮捕。

（12）×文，鲁山县×局党组成员、主任科员。因涉嫌玩忽职守罪，6月15日被立案侦查，同日被刑事拘留，7月2日被批准逮捕。

（13）×伟，鲁山县×局城福股股长。因涉嫌滥用职权罪，6月15日被立案侦查，同日被刑事拘留，7月2日被批准逮捕。

（14）×超，鲁山县×局城福股工作人员。因涉嫌滥用职权罪，6月15日被立案侦查，同日被刑事拘留，7月2日被批准逮捕。

（15）×明，鲁山县×局城福股工作人员。因涉嫌玩忽职守罪，6月15日被立案侦查，同日被刑事拘留，7月2日被批准逮捕。

（16）×培，鲁山县×局信访接待室主任。因涉嫌玩忽职守罪，6月15日被立案侦查，同日被取保候审。

（17）×涛，鲁山县×局信访办主任。因涉嫌玩忽职守罪，6月15日被立案侦查，同日被取保候审。

（18）×航，鲁山县×局执法监察大队三中队中队长。因涉嫌玩忽职守罪，6月15日被立案侦查，同日被刑事拘留，7月2日被批准逮捕。

（19）×卿，鲁山县×局原副局长。因涉嫌行贿罪，6月15日被立案侦查，同日被指定居所监视居住，7月2日被取保候审。

（20）×钦，鲁山县×局副局长。因涉嫌玩忽职守罪，6月18日被立案侦查，同日被刑事拘留，7月3日被批准逮捕。

（21）×亚，鲁山县×局城建监察大队大队长。因涉嫌玩忽职守罪，6月18日被立案侦查，同日被刑事拘留，7月3日被批准逮捕。

（22）×凯，鲁山县×局城建监察大队四中队中队长。因涉嫌玩忽职守罪，6月18日被立案侦查，同日被刑事拘留，7月3日被批准逮捕。

（23）×龙，鲁山县×局副主任科员。因涉嫌玩忽职守罪，6月26日被立案侦查，同日被刑事拘留，7月13日被批准逮捕。

（24）×国，鲁山县×局土地监察执法大队副大队长。因涉嫌玩忽职守罪，6月26日被立案侦查，同日被刑事拘留，7月13日被批准逮捕。

（25）×伟，鲁山县×局土地监察执法大队三中队中队长。因涉嫌玩忽职守罪，6月26日被立案侦查，同日被刑事拘留，7月13日被批准逮捕。

（26）×贵，鲁山县×局国土资源站副站长。因涉嫌玩忽职守罪，6月26日被立案侦查，同日被刑事拘留，7月13日被批准逮捕。

（27）×玮，鲁山县×街道办事处副主任。因涉嫌玩忽职守罪，6月26日被立案侦查，同日被刑事拘留，7月9日被批准逮捕。

（28）×伟，鲁山县×街道办事处×所所长。因涉嫌玩忽职守罪，6月26日被立案侦查，同日被刑事拘留，7月9日被批准逮捕。

（29）×设，鲁山县×局×大队大队长。因涉嫌玩忽职守罪，6月29日被立案侦查，同日被刑事拘留，7月9日被批准逮捕。

（30）×峰，鲁山县×局×派出所原所长。因涉嫌玩忽职守罪，7月3日被立案侦查，同日被刑事拘留，7月17日被批准逮捕。

（31）×光，鲁山县×大队×参谋，鲁山县×大队×保卫中队教导员。因涉嫌玩忽职守罪，7月3日被立案侦查，同日被刑事拘留，7月17日被批准逮捕。

2. 建议给予党纪、政纪处分的人员（27人）

（1）×民，鲁山县×街道办事处党工委副书记、主任，工作失职，对安全监管工作不重视，落实安全生产网格化管理工作不力，长期以来未对×园老年公寓进行监管。对事故的发生负有主要领导责任，建议给予撤销党内职务、撤职处分。

（2）×强，×党组成员，×委员会主任，未认真履行职责，贯彻落实国家有关消防安全法律法规及上级文件要求不力，督促指导县公安消防部门落实日常消防安全检查、开展消防安全专项治理工作不到位。对事故的发生负有主要领导责任，建议给予撤销党内职务、撤职处分。

（3）×霖，×党组成员，未认真履行职责，贯彻落实国家有关法律法规和政策要求不力，对县民政局履行社会养老机构管理职责情况监督检查不到位，对分管部门及有关人员未认真履行职责的问题失察。对事故的发生负有主要领导责任，建议给予撤销党内职务、撤职处分。

（4）×良，作为鲁山县安全生产第一责任人，对安全工作重视不够，履行安全生产领导职责不到位，组织领导全县安全生产工作不到位，对县政府分管领导及有关职能部门履行职责不到位的问题失察。对事故的发生负有重要领导责任，建议给予党内严重警告、降级处分。

（5）×军，×书记。2013年10月至2015年2月任县长期间，未认真履行职责，组织领导全县安全生产工作不力。贯彻落实党的安全生产方针政策不到位，对鲁山县政府及有关职能部门未认真履行职责的问题失察。对事故的发生负有主要领导责任，建议给予撤销党内职务处分。

（6）×平，×党组成员党委书记，分管安全生产和消防安全工作。贯彻落实国家有关法律法规和决策部署不到位，组织、指导开展安全生产综合监督管理及消防安全专项治理工作不力，对分管部门未认真履行职责的问题失察。对事故的发生负有重要领导责任，建议给予记大过处分。

（7）×哲，×党组成员，贯彻落实国家有关法律法规和决策部署不到位，组织、指导、督促民政部门开展消防安全检查工作不力，对×局未认真履行职责的问题失察。对事故的发生负有重要领导责任，建议给予记大过处分。

（8）×伟，×副书记，贯彻落实国家有关法律法规不到位，对民政、消防等部门安全生产工作督促指导不力，对市政府分管领导及有关职能部门履行职责不到位的问题失察。对事故的发生负有重要领导责任，建议给予记过处分。

（9）×有，中共党员，平顶山市×局科长，工作失职，审核把关不严，违反有关规定为鲁山县×园老年公寓办理了《社会福利机构设置批准证书》。对事故的发生负有主要领导责任，建议给予党内严重警告、撤职处分。

（10）×敏，中共党员，未认真履行职责，对辖区内社会养老机构管理、监督检查不到位，对鲁山县×局开展社会养老工作指导不力，组织开展社会养老机构消防安全检查工作不到位。对事故的发生负有主要领导责任，建议给予党内严重警告、撤职处分。

（11）×邦，平顶山市×局党组成员，履行职责不到位，督促老龄办和鲁山县×局开展社会养老机构监管工作不力，组织开展社会养老机构消防安全检查工作不到位，对县民政部门违规换证的问题失察。对事故的发生负有主要领导责任，建议给予党内严重警告、降级处分。

（12）×雷，平顶山市×局党组书记，贯彻落实国家有关法律法规和政策要求不到位，对分管领导及内设部门履行职责情况督促检查不到位，对市、县民政部门违规办证、换证的问题失察。对事故的发生负有重要领导责任，建议给予记大过处分。

（13）×谦，中共党员，河南省×厅×工作处处长，贯彻落实国家有关法律法规和政策不力，对平顶山市×局社会养老机构指导、督促不到位，对市、县民政部门违规办证、换证的问题失察。对事故的发生负有重要领导责任，建议给予记大过处分。

（14）×昕，河南省×厅党组书记，贯彻落实国家有关法律法规和工作部署不到位，指导督促民政部门开展社会养老机构监管工作不力，对分管的老龄工作处履行职责不到位的问题失察。对事故的发生负有重要领导责任，建议给予记过处分。

（15）×立，中共党员，鲁山县×大队副大队长兼×中队中队长，工作失职，指导督促检查×派出所落实日常消防安全检查、开展消防安全专项治理等工作不力，对×园老年公寓长期存在重大安全隐患的问题失察。对事故的发生负有主要领导责任，建议给予党内严重警告、撤职处分。

（16）×明，鲁山县×局党委书记，贯彻落实国家和河南省消防安全法律法规不力，组织所属有关部门开展日常消防安全检查及专项治理工作不到位，对分管领导及有关人员未认真履行职责的问题失察。对事故的发生负有重要领导责任，建议给予党内严重警告、降级处分。

（17）×武，平顶山市×局党委委员、×局长，贯彻落实国家和河南省消防安全法律法规不到位，督促指导市、县公安消防部门开展防火工作、实施消防安全专项治理工作不力，对分管部门及有关人员未认真履行职责的问题失察。对事故的发生负有重要领导责任，建议给予记大过处分。

（18）×卫，中共党员，平顶山市×处处长，未认真履行职责，贯彻落实国家和河南省消防安全法律法规不力，督促指导鲁山县公安消防大队落实日常消防检查、开展消防安全专项治理工作不到位，对鲁山县公安消防大队未认真履行职责的问题失察。对事故的发生负有主要领导责任，建议给予党内严重警告、降级处分。

（19）×辉，中共党员。贯彻落实国家和河南省消防安全法律法规不到位，督促指导防火监督处和鲁山县公安消防大队开展防火工作、实施消防安全专项治理等工作不力，对鲁山县公安消防大队未认真履行职责的问题失察。对事故的发生负有重要领导责任，建议给予党内严重警告、降级处分。

（20）×峰，中共党员，贯彻落实国家有关消防安全法律法规不到位，组织开展防火工作、实施消防安全专项治理工作不力，对分管领导及鲁山县公安消防大队未认真履行职责的问题失察。对事故的发生负有重要领导责任，建议给予记大过处分。

（21）×兵，中共党员，贯彻落实国家有关消防安全法律法规不到位，对平顶山市公安消防支队消防安全工作指导不力，对其有关人员未认真履行职责的问题失察。对事故的发生负有重要领导责任，建议给予记大过处分。

（22）×平，河南省×局党委常委，贯彻落实国家有关消防安全法律法规不到位，组织开展防火工作、实施消防安全专项治理工作不力，对分管领导及平顶山市公安消防支队有关人员未认真履行职责的问题失察。对事故的发生负有重要领导责任，建议给予记大过处分。

（23）×民，鲁山县×局党组成员，未认真贯彻落实国家有关法律法规，对日常巡查管控和执法监管工作指导督促不力，监督检查不到位，对某某园老年公寓违法建设的问题失察。对事故的发生负有重要领导责任，建议给予党内严重警告、降低岗位等级处分。

（24）×阳，鲁山县×局党组书记，贯彻落实国家有关法律法规不到位，对执法监管工作重视不够、指导督促不力，对分管领导和有关人员未认真履行职责的问题失察。对事故的发生负有重要领导责任，建议给予党内严重警告、降低岗位等级处分。

（25）×吉，鲁山县×局党组书记，贯彻落实国家有关土地管理法律法规不到位，对土地违法案件重视不够，工作指导督促不力，对分管领导和有关部门未认真履行职责的问题失察。对事故的发生负有重要领导责任，建议给予记大过处分。

（26）×生，鲁山县×局党委书记，贯彻落实国家有关法律法规不到位，对执法监管工作重视不够，指导督促不力，对分管领导和有关部门未认真履行职责、长期未发现×园老年公寓违法建设的问题失察。对事故的发生负有重要领导责任，建议给予党内严重警告、降级处分。

（27）×民，鲁山县×局党组书记，组织、指导全县安全生产网格化管理工作不力，指导、协调安全生产管理工作方面不到位、存在漏洞。对事故的发生负有重要领导责任，建议给予记过处分。

案例八　江苏省苏州昆山市×制品有限公司"8·2"特别重大爆炸事故灾难

起火时间：2014年8月2日7时34分。

伤亡人数：当天造成75人死亡、185人受伤。依照《生产安全事故报告和调查处理条例》（国务院令第493号）规定的事故发生后30日报告期，共有97人死亡、163人受伤，直接经济损失3.51亿元。

一、基本情况

×公司成立于1998年8月，是由台湾×工业股份有限公司通过子公司×国际有限公司在昆山开发区投资设立的台商独资企业，位于昆山开发区×路×号，法人代表×滔、总经理×昌，注册资本880万美元，总用地面积34 974.8 m²，规划总建筑面积33 746.6 m²，员工总数527人。该企业主要从事汽车零配件等五金件金属表面处理加工，主要生产工序是轮毂打磨、抛光、电镀等，设计年生产能力 50 万件，2013 年主营业务收入 1.65 亿元。

事故车间位于整个厂区的西南角，建筑面积 2 145 m²，厂房南北长 44.24 m、东西宽 24.24 m，两层钢筋混凝土框架结构，层高 4.5 m，每层分 3 跨，每跨 8 m。屋顶为钢梁和彩钢板，四周墙体为砖墙。

厂房南北两端各设置一部载重 2 t 的货梯和连接二层的敞开式楼梯，每层北端设有男女卫生间，其余为生产区。

一层设有通向室外的钢板推拉门（4 m×4 m）2 个，地面为水泥地面，二层楼面为钢筋混凝土。

事故车间为铝合金汽车轮毂打磨车间，共设计 32 条生产线，一、二层各 16 条，每条生产线设有 12 个工位，沿车间横向布置，总工位数 384 个。该车间生产工艺设计、布局与设备选型均由林伯昌（×公司总经理）自己完成。

事故发生时，一层实际有生产线 13 条，二层 16 条，实际总工位数 348 个。打磨抛光均为人工作业，工具为手持式电动磨枪（根据不同光洁度要求，使用粗细不同规格的磨头或砂纸）。

2006 年 3 月，该车间一、二层共建设安装 8 套除尘系统。每个工位设置有吸尘罩，每 4 条生产线 48 个工位合用 1 套除尘系统，除尘器为机械振打袋式除尘器。2012 年改造后，8 套除尘系统的室外排放管全部连通，由一个主排放管排出。事故车间除尘设备与收尘管道、手动工具插座及其配电箱均未按规定采取接地措施。

除尘系统由昆山×环保设备有限公司总承包（设计、设备制造、施工安装及后续改造）。

事故车间工作时间为早 7 时至晚 7 时，截至 2014 年 7 月 31 日，车间在册员工 250 人。

现场共有员工 265 人，其中车间打卡上班员工 261 人（含新入职人员 12 人）、本车间经理 1 人、临时到该车间工作人员 3 人。

二、事故经过和处置情况

2014 年 8 月 2 日 7 时，事故车间员工上班。7 时 10 分，除尘风机开启，员工开始作业。7 时 34 分，1 号除尘器发生爆炸。爆炸冲击波沿除尘管道向车间传播，扬起的除尘系统内和车间集聚的铝粉尘发生系列爆炸。

8 月 2 日 7 时 35 分，昆山市公安消防部门接到报警，立即启动应急预案，第一辆消防车于 8 min 内抵达，先后调集 7 个中队、21 辆车辆、111 人，组织了 25 个小组赴现场救援。8 时 03 分，现场明火被扑灭，共救出被困人员 130 人。交通运输部门调度 8 辆公交车、3 辆卡车运送伤员至昆山各医院救治。环境保护部门立即关闭雨水总排口和工业废水总排口，防止消防废水排入外环境，并开展水体、大气应急监测。安全监管部门迅速检查事故车间内是否使用危险化学品，防范发生次生事故。

三、事故原因

事故车间除尘系统较长时间未按规定清理，铝粉尘集聚。除尘系统风机开启后，打磨过程产生的高温颗粒在集尘桶上方形成粉尘云。1 号除尘器集尘桶锈蚀破损，桶内铝粉受潮，发生氧化放热反应，达到粉尘云的引燃温度，引发除尘系统及车间的系列爆炸。

因没有泄爆装置，爆炸产生的高温气体和燃烧物瞬间经除尘管道从各吸尘口喷出，导致全车间所有工位操作人员直接受到爆炸冲击，造成群死群伤。

由于一系列违法违规行为，整个环境具备了粉尘爆炸的五要素，引发爆炸。粉尘爆炸的五要素包括：可燃粉尘、粉尘云、引火源、助燃物、空间受限。

1. 可燃粉尘

事故车间抛光轮毂产生的抛光铝粉，主要成分为 88.3% 的铝和 10.2% 的硅，抛光铝粉的粒径中位值为 19 μm，经实验测试，该粉尘为爆炸性粉尘，粉尘云引燃温度为 500 ℃。事故车间、除尘系统未按规定清理，铝粉尘沉积。1 号除尘器集尘桶未及时清理，估算沉积铝粉约 20 kg。

2. 粉尘云

除尘系统风机启动后，每套除尘系统负责的 4 条生产线共 48 个工位抛光粉尘通过一条管道进入除尘器内，由滤袋捕集落入到集尘桶内，在除尘器灰斗和集尘桶上部空间形成爆炸性粉尘云。

3. 引火源

集尘桶内超细的抛光铝粉，在抛光过程中具有一定的初始温度，比表面积大，吸湿受潮，与水及铁锈发生放热反应。事发前两天当地连续降雨；平均气温 31℃，最高气温 34 ℃，空气湿度最高达到 97%；1 号除尘器集尘桶底部锈蚀破损，桶内铝粉吸湿受潮。除尘风机开启后，在集尘桶上方形成一定的负压，加速了桶内铝粉的放热反应，温度升高达到粉尘云引燃温度。根据现场条件，利用化学反应热力学理论，模拟计算集尘桶内抛光铝粉与水发生的放热反应，在抛光铝粉呈絮状堆积、散热条件差的条件下，可使集尘桶内的铝粉表层温度达到粉尘云引燃温度 500 ℃。

桶底锈蚀产生的氧化铁和铝粉在前期放热反应触发下，可发生"铝热反应"，释放大量热量使体系的温度进一步增加。

放热反应方程式：

$$2Al+6H_2O \Longrightarrow 2Al(OH)_3+3H_2 \uparrow$$

$$4Al+3O_2 \Longrightarrow 2Al_2O_3$$

$$2Al+Fe_2O_3 \Longrightarrow Al_2O_3+2Fe$$

4. 助燃物

在除尘器风机作用下，大量新鲜空气进入除尘器内，支持了爆炸发生。

5. 空间受限

除尘器本体为倒锥体钢壳结构，内部是有限空间，容积约 8 m³。

四、事故教训

1. ×公司无视国家法律，违法违规组织项目建设和生产，是事故发生的主要原因

（1）厂房设计与生产工艺布局违法违规。

事故车间厂房原设计建设为戊类，而实际使用应为乙类，导致一层原设计泄爆面积不足，疏散楼梯未采用封闭楼梯间，贯通上下两层。事故车间生产工艺及布局未按规定规范设计，是由×昌根据自己经验非规范设计的。生产线布置过密，作业工位排列拥挤，在每层 1 072.5 m² 车间内设置了 16 条生产线，在 13 m 长的生产线上布置有 12 个工位，人员密集，有的生产线之间员工背靠背间距不到 1 m，且通道中放置了轮毂，造成疏散通道不畅通，加重了人员伤害。

（2）除尘系统设计、制造、安装、改造违规。

事故车间除尘系统改造委托无设计安装资质的昆山×环保设备公司设计、制造、施工安装。除尘器本体及管道未设置导除静电的接地装置、未按《粉尘爆炸泄压指南》（GB/T 15605—2008）要求设置泄爆装置，集尘器未设置防水防潮设施，集尘桶底部破损后未及时修复，外部潮湿空气渗入集尘桶内，造成铝粉受潮，产生氧化放热反应。

（3）车间铝粉尘集聚严重。

事故现场吸尘罩大小为 500 mm×200 mm，轮毂中心距离吸尘罩 500 mm，每个吸尘罩的风量为 600 m³/h，每套除尘系统总风量为 28 800 m³/h，支管内平均风速为 20.8 m/s。按照《铝镁粉加工粉尘防爆安全规程》（GB 17269—2003）规定的 23 m/s 支管平均风速计算，该总风量应达到 31 850 m³/h，原始设计差额为 9.6%。因此，现场除尘系统吸风量不足，不能满足工位粉尘捕集要求，不能有效抽出除尘管道内粉尘。同时，企业未按规定及时清理粉尘，造成除尘管道内和作业现场残留铝粉尘多，加大了爆炸威力。

（4）安全生产管理混乱。

×公司安全生产规章制度不健全、不规范，盲目组织生产，未建立岗位安全操作规程，现有的规章制度未落实到车间、班组。未建立隐患排查治理制度，无隐患排查治理台账。风险辨识不全面，对铝粉尘爆炸危险未进行辨识，缺乏预防措施。未开展粉尘爆炸专项教育培训和新员工三级安全培训，安全生产教育培训责任不落实，造成员工对铝粉尘存在爆炸危险没有认知。

（5）安全防护措施不落实。

事故车间电气设施设备不符合有关规定，均不防爆，电缆、电线敷设方式违规，电气设备的金属外壳未作可靠接地。现场作业人员密集，岗位粉尘防护措施不完善，未按规定配备防静电工装等劳动保护用品，进一步加重了人员伤害。

2. 苏州市、昆山市和昆山×区安全生产红线意识不强、对安全生产工作重视不够，是事故发生的重要原因

（1）昆山×区不重视安全生产，属地监管责任不落实，对×公司无视员工安全与健康、违反国家安全生产法律法规的行为打击治理严重不力，没有落实安全生产责任制，没有专门的安全监管机构，对安全监管职责不清、人员不足、执法不落实等问题未予以重视和解决，落实国务院安委办部署的铝镁制品机加工企业安全生产专项治理工作不认真、不彻底；未能吸取辖区内曾发生的多起金属粉尘燃爆事故教训，未能举一反三组织全面排查、消除隐患。

（2）昆山市忽视安全生产，安全生产责任制不落实，对区镇和部门安全生产考核工作流于形式，组织安全检查、隐患排查治理不深入、不彻底，未认真落实国务院安委办部署的铝镁制品机加工企业安全生产专项治理工作；对所属区镇和部门在行政审批、监督检查方面存在的问题失察；未能吸取辖区内发生的多起金属粉尘燃爆事故教训，未能举一反三组织全面排查，消除隐患。

（3）苏州市对安全生产工作重视不够，贯彻落实国家和江苏省安全生产工作部署要求不认真、不扎实，对国务院安委办要求开展的铝镁制品机加工企业安全生产专项治理工作部署不明确、督促检查不到位，对安全监管部门未及时开展专项治理工作失察。对昆山市开展安全生产检查情况督促检查不力，未按要求检查隐患排查治理体系建设工作落实情况。

3. 负有安全生产监督管理责任的有关部门未认真履行职责，审批把关不严，监督检查不到位，专项治理工作不深入、不落实，是事故发生的重要原因

（1）安全监管部门。

工贸企业安全隐患排查治理工作不力，铝镁制品机加工企业安全生产专项治理工作落实不到位，对辖区涉及铝镁粉尘企业数量、安全生产基本现状等底数不清、情况不明，未能认真吸取辖区内发生的多起金属粉尘燃爆事故教训并重点防范。对×公司安全管理、从业人员安全教育、隐患排查治理及应急管理等监管不力，未能及时发现和纠正×公司粉尘长期超标问题，未督促该企业对重大事故隐患进行整改消除，对×公司长期存在的事故隐患和安全管理混乱问题失察。

苏州市×局未按要求及时开展铝镁制品机加工企业安全生产专项治理，未制定专项治理方案，工作落实不到位，对各县区落实情况不掌握。

督促各县区开展冶金等工商贸行业企业粉尘爆炸事故防范工作不认真、不扎实，指导检查不到位。昆山市×局铝镁制品机加工企业安全生产专项治理工作不深入、不彻底，未按照江苏省相关要求对本地区存在铝镁粉尘爆炸危险的工贸企业进行调查并摸清基本情况，未对各区（镇）铝镁制品机加工企业统计情况进行核实，致使×公司未被列入铝镁制品机加工厂企业名单、未按要求开展专项治理。安全生产检查工作流于形式，多次对×公司进行安全检查均未能发现该公司长期存在粉尘超标可能引起爆炸的重大隐患，对×公司长期存在的事故隐患和安全管理混乱问题失察。对辖区内区（镇）安全监管部门未认真履行监管职责的问题失察，对昆山×区发生的多起金属粉尘燃爆事故失察，未认真吸取事故教训并重点防范。

江苏省×局督促指导苏州市、昆山市铝镁制品机加工企业安全生产专项治理工作不到位，没有按照要求督促、指导冶金等工商贸行业企业全面开展粉尘爆炸隐患排查治理工作。

（2）公安消防部门。

昆山市×大队在×公司事故车间建筑工程消防设计审核、验收中未按照有关规定发现并纠正设计部门错误认定火灾危险等级的问题，简化审核、验收程序不严格。对×公司日常监管不到位，未对×公司进行检查。对江苏省公安厅×局2013年部署的非法建筑消防安全专项整治工作落实不力，未排查出×公司存在的问题。

苏州市×支队未落实江苏省公安厅×局关于内部审核、验收审批的有关要求，未能及时发现和纠正昆山市×大队在建筑消防设计审核、验收和日常监管工作中存在的问题，对昆山市×大队消防监管责任不落实等问题失察。监督指导昆山市×大队开展非法建筑消防安全专项整治工作不力。

（3）环境保护部门。

昆山×区×局环境影响评价工作不落实，未发现和纠正×公司事故车间未按规定履行环境影响评价程序即开工建设、未按规定履行环保竣工验收程序即投产运行等问题。对×公司事故车间除尘系统技术改造未进行竣工验收、除尘系统设施设备不符合相关技术标准即投入运行等问题，监督检查不到位，未及时向上级环境保护部门报告组织验收，也未督促企业落实整改措施。对某某公司事故车间的粉尘排放情况疏于检查，未对除尘设施设备是否符合相关技术标准及其运行情况进行检查。

昆山市×局未发现并纠正×公司事故车间未按规定履行环境影响评价程序即开工建设、未按规定履行环保竣工验收程序即投产运行等问题。未履行环境保护设施竣工验收职责，未按规定对×公司新增两条表面处理轮圈生产线建设项目环保设施即除尘系统技术改造组织竣工验收。未按要求对被列为重点

污染源的 × 公司除尘设施设备的运行及达标情况、铝粉尘排放情况进行检查监测。对昆山 × 区环保工作监督检查不到位。

苏州市 × 局未按规定对 × 公司新增两条表面处理轮圈生产线建设项目环保设施组织竣工验收，对被列为市级重点污染源的 × 公司铝粉尘排放情况抽查、检查不到位，对昆山市环保工作监督检查不到位。

（4）住房城乡建设部门。

昆山 × 区 × 局对所属的 × 图审公司 × 区办公室审查程序不规范、审查质量存在缺陷等问题失察，未按照有关规定将厂房火灾危险类别核准为乙类，而是核准为戊类，审查把关不严。

昆山市 × 局 × 站在 × 公司事故车间竣工验收备案环节不认真履行职责，在备案前置条件不符合有关规定的情况下违规备案。

昆山市 × 局对下属单位工程建设项目审批工作监督指导不力，对 × 公司工程建设项目审查环节把关不严、违规备案等问题失察。

（5）其他负有重要责任单位。

江苏省淮安市 × 设计研究院、南京 × 大学、江苏 × 环境检测技术有限公司和昆山 × 环保设备有限公司等单位，违法违规进行建筑设计、安全评价、粉尘检测、除尘系统改造，对事故发生负有重要责任。

江苏省淮安市 × 设计研究院在未认真了解各种金属粉尘危险性的情况下，仅凭 × 公司提供的"金属制品打磨车间"的厂房用途，违规将车间火灾危险性类别定义为戊类。

南京 × 大学出具的《昆山 × 金属制品有限公司剧毒品使用、储存装置安全现状评价报告》，在安全管理和安全检测表方面存在内容与实际不符问题，且未能发现企业主要负责人无安全生产资格证书和一线生产工人无职业健康检测表等事实。

江苏 × 环境检测技术有限公司未按照《工作场所空气中有害物质监测的采样规范》（GBZ 159—2004）要求，未在正常生产状态下对 × 公司生产车间抛光岗位粉尘浓度进行检测即出具监测报告。

昆山 × 环保设备有限公司无设计和总承包资质，违规为 × 公司设计、制造、施工改造除尘系统，且除尘系统管道和除尘器均未设置泄爆口，未设置导除静电的接地装置，吸尘罩小、罩口多，通风除尘效果差。

五、事故责任处理

司法机关已采取措施人员（18 人）：

（1）× 滔，公司董事长。因涉嫌重大劳动安全事故罪，被司法机关于 2014 年 8 月 20 日批准逮捕。

（2）× 昌，公司总经理。因涉嫌重大劳动安全事故罪，被司法机关于

2014 年 8 月 20 日批准逮捕。

（3）×宪，公司经理。因涉嫌重大劳动安全事故罪，被司法机关于 2014 年 8 月 20 日批准逮捕。

（4）×艺，昆山×区管委会副主任、党工委委员，安委会主任。因涉嫌玩忽职守罪，被司法机关于 2014 年 9 月 5 日批准逮捕。

（5）×林，中共党员，昆山开发区×局副局长兼安委会副主任。因涉嫌玩忽职守罪，被司法机关于 2014 年 8 月 23 日刑事拘留，8 月 29 日对其取保候审。

（6）×峰，中共党员，昆山市×局副局长。因涉嫌玩忽职守、受贿罪，被司法机关于 2014 年 9 月 5 日批准逮捕。

（7）×明，中共党员，昆山市×局×科科长（×级）。因涉嫌玩忽职守罪，被司法机关于 2014 年 9 月 5 日批准逮捕。

（8）×君，中共党员，昆山×区×局×科科长、安委会办公室主任。因涉嫌玩忽职守、受贿罪，被司法机关于 2014 年 9 月 5 日批准逮捕。

（9）×江，中共党员，昆山市×大队副大队长兼×队长。因涉嫌玩忽职守罪，被司法机关于 2014 年 9 月 5 日批准逮捕。

（10）×剑，中共党员，昆山市公安×大队原参谋、时任张家港市公安×大队大队长（副处级）。因涉嫌玩忽职守、受贿罪，被司法机关于 2014 年 9 月 19 日批准逮捕。

（11）×海，中共党员，昆山市×大队原参谋、时任昆山市×院法警。因涉嫌玩忽职守、受贿罪，被司法机关于 2014 年 9 月 12 日批准逮捕。

（12）×堂，中共党员，昆山市×大队长（×级）。因涉嫌玩忽职守、受贿罪，被司法机关于 2014 年 9 月 5 日批准逮捕。

（13）×平，昆山市×大队民警。因涉嫌玩忽职守罪，被司法机关于 2014 年 9 月 5 日批准逮捕。

（14）×东，中共党员，昆山市×局×长（×级）。因涉嫌玩忽职守、受贿罪，被司法机关于 2014 年 9 月 5 日批准逮捕。

（15）×军，中共党员，昆山市×局×大队长。因涉嫌玩忽职守、受贿罪，被司法机关于 2014 年 9 月 5 日批准逮捕。

（16）×明，中共党员，昆山市×局×科长（×级）。因涉嫌玩忽职守罪，被司法机关于 2014 年 9 月 5 日批准逮捕。

（17）×军，中共党员，昆山市×大队×中队长。因涉嫌玩忽职守罪，被司法机关于 2014 年 9 月 5 日批准逮捕。

（18）×明，中共党员，昆山市×大队×中队×长。因涉嫌玩忽职守罪，被司法机关于 2014 年 8 月 24 日刑事拘留，9 月 5 日对其取保候审。

案例九 杭州 × 大世界 "6·9" 火灾事故

起火时间：2022 年 6 月 9 日 9 时 56 分许。

伤亡人数：4 人死亡，2 名消防员牺牲，19 人受伤，建筑物过火面积 600 m²，直接经济损失 3 057 余万元。

一、基本情况

1. 事故单位基本情况

杭州 × 大世界，登记注册名称为杭州互动 × 文化旅游发展有限公司，成立于 2021 年 3 月 12 日。营业期限：2021 年 3 月 12 日至长期；企业类型：有限责任公司（自然人投资或控股）；注册地址：杭州市 × 区 × 街道 × 路 × 号 × 幢 × 室；法定代表人：× 霞（2021 年 8 月 31 日变更前为 × 谊）；注册资本：1 000 万人民币；股东及高管人员情况：杭州 × 旅游开发有限公司占股 55%，浙江 × 文化发展有限公司占股 30%，杭州 × 文旅产业有限公司占股 15%，企业员工 28 人；经营范围：旅行社服务网点旅游招徕、咨询服务，组织文化艺术交流活动，玩具、动漫及游艺用品销售，游艺用品及室内游艺器材销售，游艺及娱乐用品销售，普通露天游乐场所游乐设备销售，玩具销售，体育保障组织，文化用品设备出租，商业综合体管理服务，工艺美术品及收藏品零售（象牙及其制品除外），文艺创作，组织体育表演活动，体育赛事策划，体育用品及器材零售，体育竞赛组织，体育健康服务，从事体育培训的营利性民办培训机构（除面向中小学生开展的学科类、语言类文化教育培训），健身休闲活动，互联网销售（除销售需要许可的商品），日用品销售，游览景区管理，园区管理服务，摄像及视频制作服务，农村民间工艺及制品、休闲农业和乡村旅游资源的开发经营，休闲观光活动，娱乐性展览，游乐园服务；登记机关：杭州市 × 区市场监督管理局。

2. 事故单位建设情况

2021 年 3 月 22 日，杭州 × 大世界以杭州 × 科技有限公司（法定代表人 × 谊）名义与上海玩雪人 × 艺术有限公司签订《冰雕展及冷库出租协议》，内容为冷库建设、冰雕制作，工期为 3 月 22 日至 5 月 12，合同金额为 647.68 万元。4 月 1 日，上海玩雪人 × 艺术有限公司与聊城 × 保温材料有限公司签订《杭州 × 大世界冷库保温工程施工合同书》，将室内楼顶、柱子及管道的保温工程分包给聊城 × 保温材料有限公司。4 月 8 日，杭州 × 大世界与杭州 × 科技有限公司签订《房屋租赁合同》，承租杭州湾 × 装饰城 × 幢一、二层部分区域。4月27日，×设计有限公司临×公司以哲华设计有限公司名义与杭州×大世界签订《消防设计合同》，合同金额为5万元。×设计有限公司×分公司将该设计业务分包给个人，设计完成后以×设计有限公司名义套框出图。4月28日，成都×建筑设计有限公司出具结论为合格的《室内装修工程设计技术复核表》。随后杭州×大世界申请图审，随附材料中《装修合同》为杭州×大世界与广东×建设有限公司签订（合同金额165万元，施工内容为房屋装修，签订日期为3月14日）。7月中旬，杭州×大世界委托上海×消防工程有限公司杭州分公司进行消防设施改造施工。8月2日，浙江×消防技术有限责任公司出具结论为合格的《建筑消防设施检测报告》，随后杭州×大世界申请消防验收。8月8日，杭州×大世界正式营业。在事故单位建设期间，×区相关部门和属地街道先后接到30多次信访投诉举报，主要反映涉事单位存在审批手续不到位、消防安全隐患、噪声扰民、建筑房屋结构影响等问题。此外，杭州×大世界在杭州湾×装饰城18幢内天井顶棚下搭建封闭吊顶。

3.消防设计审查、验收、开业等许可情况

2021年4月30日，杭州×大世界通过住建部门图审系统，申请消防设计图纸审查。5月7日，浙江×建设工程施工图审查中心（以下简称×图审中心）出具《浙江省建设工程施工图设计文件消防审查合格书》，明确该项目不属于消防设计审查项目。6月22日，×区×局接到群众举报，反映杭州×大世界存在冰雕馆未通过消防验收，保温材料不符合要求，场所内存在消防安全隐患等问题。临平区×局现场核查后发现，杭州×大世界建筑工程属于特殊建设工程，应进行消防设计审查、消防验收，遂与图审单位沟通，要求修改《浙江省建设工程施工图设计文件消防审查合格书》，将此项目认定为消防设计审查项目，并要求杭州×大世界增设火灾自动报警系统、机械排烟系统、自动喷水灭火系统、消火栓系统等消防设施。7月20日，杭州×大世界发起重大变更图审申请。7月26日，×图审中心审查后出具《浙江省房屋建筑工程施工图设计文件重大变更审查合格书》。7月28日，×区×局通过消防设计审查出具《特殊建设工程消防设计审查意见书》（余建消审字（2021）第0139号），结论为合格。

8月2日，杭州×大世界申请消防竣工验收。8月5日，×区×局工作人员会同杭州×大世界建设单位、设计单位、装修施工单位、消防施工单位开展现场验收检查，未发现不合格项目，当日出具《特殊建设工程消防验收意见书》（余建消验字（2021）第0080号），结论为合格。

8月5日，杭州×大世界以告知承诺制方式取得《公众聚集场所投入使用、营业前消防安全检查意见书》（余消安检字〔2021〕第0275号）。8月23日，

×区×大队派员现场核查，结论为合格。

4. 涉事消防管道检维修情况

2022年3月，杭州湾×装饰城消控室负责人×叶发现18幢东区三楼的空中花园部分消防栓水压不足，向杭州×科技有限公司物业经理×充汇报，×充交代×叶联系维保单位查明原因。5月18日，×叶联系自然人×洪，查明了消防栓水压不足的原因为杭州×大世界内部低温导致消防管道内结冻。5月30日，杭州×科技有限公司组织会商消防管道维修事宜，决定由×洪负责消防管道维修、杭州×大世界支付维修费用2.2万元。杭州×大世界安排工程部主管×鹏配合维修工作。6月1日，×洪安排×珍、×娃、×园开始进场维修施工，直至6月9日发生事故，施工期间杭州×大世界正常营业。

二、火灾原因及起火经过

1. 事故发生经过

2022年6月9日9时19分32秒，×珍、×娃、×园来到杭州×大世界二层，开展消防管道维修施工前准备。9时21分5秒，×珍将电焊设备带至现场。9时56分12秒，×珍开始施工。9时56分50秒，×珍在冰雕区7-F柱处上方对消防管道实施电焊切割作业，掉落的熔渣引燃立柱北侧与冰墙之间缝隙底部的保温材料残片和装饰装修材料，32秒后火势蔓延至柱顶，沿顶棚向周边进一步扩大，产生大量浓烟，并迅速蔓延至整个杭州×大世界。

2. 应急救援及现场处置情况

（1）灭火救援。6月9日10时，杭州市×支队×大队分指挥中心接到报警，杭州市×区×街道×路×号杭州湾×装饰城发生火灾，立即调派临平、钱江、塘栖×站和×队10辆消防车、61名指战员到场处置。杭州市×支队指挥中心接报后迅速调集特勤一站、二站、康桥、艮山等12个×站和1个乡镇×队42辆消防车、176名指战员增援，并调集公安、卫健、供电、供气、环保等联动单位和工程机械力量到场处置。10时10分，辖区消防力量到场，发现浓烟滚滚、多人被困，立即架设拉梯营救，同时组织内攻救援、堵截火势，营救被困群众。10时54分，杭州市×支队全勤指挥部到场，立即成立现场指挥部，划分战斗区段，实施统一指挥，按照东南西北4个战斗片区开展人员搜救和火灾扑救工作。鉴于着火建筑内部结构复杂，现场反馈还有多名群众失联，指挥部立即组织攻坚组，在水枪掩护下深入内部搜救失联群众。×荣和×军两名消防员在深入内部搜救过程中失联。14时9分，参战人员搜寻到×荣、×军2名同志，并迅速送医抢救。15时许，现场火灾被扑灭。16时10分，在建筑二层搜救出1名失联人员。18时50分，搜救出最后1名失联人员。

（2）医疗救治。事故发生后，现场群众和消防力量共搜救出25人并送医治疗。杭州市第一时间调集省市区优质资源和力量，由×大学×附属医院烧伤、创伤、急诊、耳鼻喉、普外等100余名临床专家组成救治团队，紧急开通绿色通道，制定医疗救治方案，全力以赴开展伤员救治工作。其中6人经全力抢救无效死亡（含2名消防员），截至8月10日，在医院治疗的伤员均已全部出院。

（3）善后处置情况。事故发生后，杭州市政府立即组织属地政府及工会、公安、卫健等部门，第一时间成立由×区委书记、区长任双组长的火灾事故善后处置工作领导小组，下设医疗救治、善后处置等五个工作专班，统筹做好善后处置各项工作。对伤亡人员明确"一人一专班"，落实"一对一"善后处置工作。截至6月12日，所有遇难人员已全部签订赔偿协议；所有伤员医疗救治及伤亡人员亲属安抚等各项善后处理平稳有序。

3. 起火原因

2022年6月9日9时56分，×珍在杭州×大世界进行消防管道维修时，违章电焊切割作业，熔渣引燃了位于杭州某某大世界二层冰雕区7-F立柱北侧与冰墙之间缝隙下部的掉落的管道保温材料残片和装饰装修材料。事故调查排除遗留火种、电气故障、物品自燃、人为放火等引发火灾的可能。

4. 火灾迅速蔓延原因

一是杭州×大世界内大量使用的聚氨酯保温材料和仿真绿植达不到不燃、难燃要求，起火后烟气蔓延速度快；二是杭州×大世界及与建筑内其他区域之间防火分隔措施和防烟措施设置不到位，内墙墙体采用聚氨酯夹芯彩钢板，场所内出口门采用保温门代替防火门，导致火灾发生后迅速蔓延至整个二层；三是杭州×大世界擅自关闭消防设施，吸气式感烟报警系统处于关闭状态，预作用式自动喷水灭火系统未处于正常状态，室内感烟报警探测器报警后，值班人员不会处置，导致火灾未能在初期被有效扑灭。

5. 造成人员伤亡原因

一是火灾发生后，聚氨酯、仿真绿植等材料大面积燃烧，产生了大量高温有毒烟气，释放出的可燃烟气不断聚集，发生爆燃，导致人员伤亡；二是因保温需要，建筑外墙原窗口被保温墙封闭，出入口增设保温门，呈相对密闭空间，烟气无法排出、室内能见度低，增加了人员逃生难度和消防施救难度；三是因设置多种功能游玩区并用冰墙分隔，导致室内通道迂回曲折增加了疏散距离；四是现场人员缺乏逃生自救知识和技能。

三、事故相关单位主要问题

1. 杭州×大世界

（1）建设审批方面。未按规定办理建筑施工许可证，以虚假装修合同逃避建设施工审批许可和政府部门监管；特殊建设工程未经消防设计审查，擅自开工建设。

（2）建设施工方面。保温材料未按规定使用 A 级不燃材料；火灾自动报警系统、机械排烟系统、自动喷水灭火系统等消防设施未按设计要求设置；安全疏散设置不符合规定要求；预作用自动喷水灭火系统不具备正常使用条件；违规在原建筑内天井位置搭建吊顶，形成封闭空间，影响内部排烟。

（3）安全管理方面。企业日常安全管理缺失，未建立消防安全责任制，消防安全管理制度和操作规程不完善；对维修人员进入杭州 × 大世界场地实施消防管道维修、动火作业不闻不问，未查验资质，未安排专人进行现场监管；擅自关闭火灾自动报警系统；消防安全巡查、检查不到位，营业期间违规动火作业。

2. 杭州 × 科技有限公司

未明确各岗位人员的消防安全责任；未建立事故隐患排查治理制度；未按规定与杭州某某大世界签订专门的安全生产管理协议，也未在《房屋租赁合同》中约定各自的安全生产管理职责，未对杭州 × 大世界的安全生产工作实施统一协调、管理；违反规定组织无消防设施维修职业资格和电焊操作资格人员进行消防管道维修；未落实动火审批手续，未指派人员进行现场看护，未采取任何防范措施，任由施工人员私自操作。

3. × 房产公司

违规在原建筑内天井位置搭建顶棚；将杭州湾 × 装饰城经营管理发包后，对杭州 × 科技有限公司经营管理活动中的安全生产、消防安全监督、检查不到位；对杭州 × 大世界违规在原建筑内天井位置搭建封闭吊顶的行为未督促整改。

4. 上海 × 消防工程有限公司

未按照住建部门消防设计审查合格的设计图纸进行施工，擅自改变消防设计，降低施工质量；预作用自动喷水灭火系统未施工完成就交付投入使用。

5. × 设计有限公司

安全疏散、防排烟等消防设计违反《建筑设计防火规范》（2018 年修订版）（GB 50016—2014）等有关强制性条文要求；违法出借设计资质，允许他人随意使用相关资质出具设计图纸，且未履行设计质量管理责任；盗用他人的电子签名在其公司出具的设计图纸上使用。

6. × 图审中心

在施工图审查过程中把关不严格，第一次图审时未按规定将杭州 × 大世界装修工程界定为特殊建设工程；在重大变更图审中审查不力，未发现设计图纸中违反国家工程建设消防技术标准强制性条文的内容，未要求对重大变更重新进行设计复核。

7. 浙江×消防技术有限责任公司

未按规定安排人员实地开展消防设施检测，出具虚假《建筑消防设施检测报告》。

四、地方有关部门和地方党委政府主要问题

1.×区×局

对杭州×大世界违反规定未经消防设计审查擅自施工失管。未按规定开展消防验收，对杭州×大世界现场消防设施与消防设计不一致、现场保温材料与检测报告不一致、安全疏散设置不符合规定、预作用自动喷水灭火系统不具备正常使用条件等问题失察。对图审单位未按规定开展建设工程施工图审查的问题监督指导不力。未按规定督促杭州×大世界办理建设施工许可证。

2.×区×大队

对杭州×大世界开展公众聚集场所投入使用、营业前消防安全核查不细致不全面，对现场保温材料与检测报告不一致、安全疏散设置不符合规定、预作用自动喷水灭火系统不具备正常使用条件等问题失察。未按规定将杭州×大世界列入消防安全重点单位。在核查群众举报时，对杭州×大世界采用不符合相应燃烧性能等级保温材料的情形失察。

3.×区×局

未积极主动履行行业安全监管职责，指导督促杭州×大世界落实消防安全管理责任不到位。

4.×区×街道办事处

未深入贯彻落实安全生产、消防安全等法律法规，未认真履行属地消防安全责任和消防工作职责，组织开展消防安全隐患排查治理不深入，现场检查走过场，未发现杭州×大世界存在的问题隐患。对消防工作重视程度不够，指导督促辖区单位落实消防安全隐患排查工作存在死角和盲区。对杭州×大世界楼上居民大量的投诉举报事件重视不够，对杭州湾×装饰城内天井违规搭建顶棚、违规封闭吊顶、违规占用消防通道等违章建筑查处不力。

5.×区人民政府

贯彻落实地方党政领导干部安全生产责任制规定不扎实。未认真吸取国内重大火灾事故教训，对所属住建部门未认真履行消防设计审查、验收管理职责，消防救援机构未认真开展开业前消防检查、未将杭州×大世界纳入消防安全重点单位管理，所属文广旅体部门未认真履行行业安全监管职责，×街道办事处未认真履行属地消防安全管理、违章拆除职责等问题失管失察。

五、对事故有关责任人员及责任单位的处理建议

1. 因在事故中死亡，免予追究责任人员

×珍，男，1998 年出生，系事发时违规电焊切割操作人员，对事故发生负有直接责任。

2. 司法机关已采取措施人员

（1）×娃，男，1979 年出生，系事发时违规电焊切割操作人员。2022年 6 月 11 日因涉嫌重大责任事故罪被公安机关依法刑事拘留。

（2）×洪，男，1979 年出生，系杭州×大世界事发时无证电焊作业包工头。2022 年 6 月 11 日因涉嫌重大责任事故罪被公安机关依法刑事拘留。

（3）×充，男，1982 年出生，系杭州×科技有限公司物业经理。2022年 6 月 11 日因涉嫌重大责任事故罪被公安机关依法刑事拘留。

（4）×叶，男，1962 年出生，系杭州湾×装饰城消控室负责人。2022年 6 月 11 日因涉嫌重大责任事故罪被公安机关依法刑事拘留。

（5）×森，男，1964 年出生，系杭州×大世界股东、负责人。2022年 6 月 11 日因涉嫌重大责任事故罪被公安机关依法刑事拘留。

（6）×鹏，男，1997 年出生，系杭州×大世界现场安全主管。2022年 6 月 11 日因涉嫌重大责任事故罪被公安机关依法刑事拘留。

（7）×超，男，1997 年出生，系杭州×大世界电工。2022 年 6 月 18日因涉嫌重大责任事故罪被公安机关依法刑事拘留。

（8）×谊，男，1982 年出生，系杭州×大世界股东、实际控制人。2022 年 6 月 18 日因涉嫌重大责任事故罪被公安机关依法刑事拘留。

3. 对有关公职人员问责处理

对于在事故调查过程中发现的地方党委政府及有关部门等公职人员在履职方面存在的问题，移交浙江省纪委省监委依规依纪依法组织开展审查调查，对有关人员的党政纪处分，由省纪委省监委依规依纪依法作出处理。

4. 对有关单位问责及处罚建议

（1）建议责成×区向杭州市委、市政府作出深刻检查，并抄报省应急管理厅。

（2）依据《中华人民共和国安全生产法》《生产安全事故报告和调查处理条例》等相关法律法规规定，建议杭州市×管理部门对杭州互×发展有限公司、杭州×科技有限公司及其主要负责人依法予以处理。

（3）建议杭州市×部门依法对上海×消防工程有限公司、×设计有限公司、×图审中心，杭州市×机构依法对浙江×消防技术有限责任公司，杭州市×管理部门依法对×房产公司予以处理。

参 考 文 献

[1] 中国中元国际工程公司. 消防给水及消火栓系统技术规范：GB 50974—2014[S]. 北京：中国计划出版社，2014.

[2] 中华人民共和国公安部. 建筑内部装修设计防火规范（2018 年版）：GB 50222—2017[S]. 北京：中国建筑工业出版社，2017.

[3] 公安部沈阳消防研究所. 火灾自动报警系统设计规范：GB 50116—2013[S]. 北京：中国计划出版社，2013.

[4] 公安部上海消防研究所. 建筑灭火器配置设计规范：GB 50140—2005[S]. 北京：中国计划出版社，2005.

[5] 公安部天津消防科学研究所. 自动喷水灭火系统设计规范：GB 50084—2017[S]. 北京：中国计划出版社，2017.

[6] 公安部四川消防研究所. 自动喷水灭火系统施工及验收规范：GB 50261—2017[S]. 北京：中国标准出版社，2017.

[7] 中华人民共和国公安部. 建筑设计防火规范（2018 年版）：GB 50016—2014[S]. 北京：中国计划出版社，2018.

[8] 中华人民共和国应急管理部. 社会单位灭火和应急疏散预案编制及实施导则：GB/T 38315—2019[S]. 国家市场监督管理总局，2020.

[9] 中华人民共和国公安部. 机关、团体、企业、事业单位消防安全管理规定：公安部令第 61 号，2002.

[10] 中华人民共和国应急管理部. 大型商业综合体消防安全管理规则：应急消〔2019〕314 号，2019.